水产品溯源关键技术研究与实践

袁红春　梅海彬　著

上海交通大学出版社
SHANGHAI JIAO TONG UNIVERSITY PRESS

内容提要

　　水产品追溯是一个非常复杂的问题。本书结合作者多年来的研究成果,系统讲述了水产品溯源的基本原理,以及追溯过程中使用的多种信息技术。内容包括水产养殖、运输及销售各环节进行信息化管理,实现信息追溯所采用的常用物联网技术与规范,以及使用到的多种算法等。期望能帮助读者更好地理解水产品追溯每个环节和全过程所涉及的关键技术。

　　本书可作为高等院校水产养殖和信息科学类专业本科生、研究生的参考教材,也可作为工程技术人员在从事水产品追溯研究与工程开发时的参考。

图书在版编目(CIP)数据

　　水产品溯源关键技术研究与实践／袁红春,梅海彬著. —上海:上海交通大学出版社,2022.8
　　ISBN 978-7-313-24199-3

　　Ⅰ.①水… Ⅱ.①袁… ②梅… Ⅲ.①水产品—质量管理—安全管理 Ⅳ.①TS254.7

　　中国版本图书馆 CIP 数据核字(2022)第 013582 号

水产品溯源关键技术研究与实践

SHUICHANPIN SUYUAN GUANJIAN JISHU YANJIU YU SHIJIAN

著　　者:袁红春　梅海彬　等			
出版发行:上海交通大学出版社	地　　址:上海市番禺路 951 号		
邮政编码:200030	电　　话:021-64071208		
印　　制:当纳利(上海)信息技术有限公司	经　　销:全国新华书店		
开　　本:787 mm×1092 mm　1/16	印　　张:10.75		
字　　数:257 千字			
版　　次:2022 年 8 月第 1 版	印　　次:2022 年 8 月第 1 次印刷		
书　　号:ISBN 978-7-313-24199-3			
定　　价:48.00 元			

序

随着人们生活水平的日益提高,水产品的质量安全也越来越受到关注,因为它不仅关系到消费者的身体健康,而且对渔业发展、渔民增收、水产品贸易和渔业现代化建设具有重大影响。水产品质量的安全问题已成为新时期我国渔业生产和水产品供给急需解决的一项重要课题。此外,我国水产品质量的安全事件层出不穷,受到国内外的广泛关注,这些事件对水产行业造成了不小的冲击。因此,加强水产品质量安全管理工作是保证水产养殖业可持续发展的关键,而水产品质量可追溯制度的建立是水产品质量安全的重要保障措施之一,其中实现生产记录可查询、产品流向可跟踪、产品质量可追溯显得尤为重要。

本书结合作者多年来的研究成果,详细介绍水产养殖、运输及销售各环节进行信息化管理,实现信息追溯所采用的常用技术与规范。期望能帮助读者更好地理解水产品追溯全过程和每个环节所涉及的关键技术。本书章节的主要内容安排如下。

第一章介绍了追溯问题的提出与研究意义,以及国内外的研究现状,同时描述了追溯过程研究的内容和存在的问题。

第二章介绍了基于物联网的水产品安全追溯与预警的关键技术。主要包括水产品追溯标识技术、水产品追溯关键环节信息采集与传递技术和水产养殖水质参数预测方法等。

第三章介绍了基于 Petri 网的追溯流程建模与优化。主要包括 Petri 网的基本原理、水产品溯源业务流程的 Petri 网建模、模型分析与模型优化、水产品溯源系统的信息流链路以及水产品溯源系统的着色 Petri 网建模仿真等。

第四章介绍了基于物联网的追溯信息采集方法。详细介绍了在水产养殖、运输、销售等环节使用物联网技术采集信息和可靠传输的方法。

第五章介绍了水产养殖环境参数预测模型研究。主要包括基于 RBF 神经网络的溶解氧预测模型研究、基于 PCA－NARX 神经网络的溶解氧预测模型研究和基于 ARIMA－DBN 组合模型的溶解氧预测模型研究等。

第六章介绍了水产品供应链中的信息管理。主要包括水产品供应链的基本流程简介、水产养殖和水产品配送信息的采集与管理。

第七章介绍了基于物联网的水产品追溯与安全预警系统的设计与构建。主要包括系统平台的总体设计、软硬件设计、系统开发的环境与关键技术、系统的数据库设计，以及最后系统的运行效果和部分界面。

期待您的反馈

限于篇幅，加之水平有限，书中疏漏和错误之处在所难免，恳请读者批评并改正，作者视读者的满意为己任，更期待读者的宝贵建议和意见，如果您发现了错误或者对本书有任何看法，都可以通过电子邮箱 hcyuan@126.com 联系作者。

致谢

本书由上海海洋大学信息学院袁红春教授和梅海彬副教授统稿，书中涉及的模型与算法部分由袁红春教授负责，物联网部分由梅海彬副教授负责。胡倩倩、汪辰、侍倩倩、丛斯琳、潘金晶、刘臻、吕苏娜等研究生为本书研究成果作出重要贡献。多名研究生参与了本书编写，其中，蔡震宇、宫鹏参与了第一、四章编写，王越、高子玥参与了第二章编写，蔡震宇、王越和张硕参与了第三章编写，管琦参与了第五章编写，吴若有参与了第六章编写，张永参与了第七章编写。上海交通大学出版社为本书出版做了大量工作，提出了很多宝贵的修改意见。在此向以上单位和个人一并表示衷心的感谢。

目　录

第 1 章　引　言

本章将主要介绍水产品追溯问题的提出及其研究意义,以及目前国内外的水产品追溯问题的研究现状,并指出目前我国在水产品追溯问题上尚存的一系列不足之处,最后介绍作者团队在水产品质量安全追溯方面开展的主要研究工作。

1.1　水产品追溯问题的提出与研究意义

随着人们生活水平的提高,水产品在人们的饮食结构中占据着越来越重要的地位,水产品质量安全直接关系到人民的身体健康,影响经济发展和社会稳定。近年来,水产品食物中毒事件频频发生,水产品因药物残留过多出口被拒的现象更是屡见不鲜。因此,水产品质量安全问题关系国计民生,引起了相关部门以及社会各界的关注,人们对水产品质量安全的需求也越来越强烈,建立水产品的可追溯体系以保证水产品质量安全日趋紧迫。与此同时,随着物联网、云计算、大数据和人工智能等新一代信息技术的发展,将物联网技术应用到水产品追溯系统的研究已备受人们关注。

我国是世界第一水产养殖国,但是目前我国水产养殖业面临着很多方面的挑战,如水环境的污染、养殖过程中的药物滥用、水产品的质量安全监管不到位等,使我国水产品质量安全问题成为制约和影响水产养殖业可持续发展的重要因素。我国在"十二五"规划中对水产养殖业体系做出了详细规定,要求水产养殖向高密度、集约化发展,这就需要水产养殖在物联网技术的支持下,在保持水环境质量的基础上,实行标准化养殖,对水产养殖的过程进行全程监控,保证水产养殖的规范化、标准化。水产养殖在物联网技术的支持下也将会得到更快的发展。目前国内也有众多学者致力于水产品追溯体系的研究。孙传恒等在比较国内外农产品追溯系统建设模式的基础上,提出了一种基于行政监管的适合中国国情的水产品追溯系统架构模式,设计了一种基于行政区域代码的水产品追溯编码方法。刘杰等针对水产品的质量问题,提出了水产品的生产过程质量安全控制点,即生产环节、加工环节、储藏环节、运输环节,以及水产品生产水平划分模式,并探讨运用射频识别技术、网络通信技术、传感器技术及无线传感网络等物联网技术来构建水产品质量安全信息化的过程控制系统,为实现可追溯的水产品质量安全控制体系提供了理论基础和技术手段。马莉等针对我国水产品行业存在的质量问题,以水产品为研究对象,构建了基于 Web 服务的数据传递技术的多层可追溯水产养殖管理系统,并采用射频标签技术(RFID)保证在整个流通过程中对鱼品身份的唯一标识。高吉等针对我国水产品供应链中存在信息不明、滞后和失真等问题,提出将无线射频识别技术应用到水产品供应链中。该项研究使用电子标签记录水产品生产物流、加工物流和销售物流中的重要信息,并对其中的关键信息进行标准化编码,建立适用于电子标签编码规则的编码生成平台,以实现对水产品流通过程中信息的有效获取和管理。

从以上研究来看,目前国内学者都是针对追溯体系中物流或某一个过程进行了追溯研究,缺乏对水产养殖的过程进行全程监控,且缺乏可以对水产养殖提供指导性意见的水产品疾病预防和诊断模型。对水产养殖及流通环节的关键环境参数进行实时、立体、长期的连续监测,并对可能出现的水产品质量安全问题作出及时的预警,可为消费者提供详细的水产养殖及流通环节信息,能确保水产品从池塘到消费者的全程监控,实现水产品质量的可追溯。水产品追溯问题的研究可满足人们对水产品质量安全日益增强的需求,具有显著的社会和经济效益。利用物联网技术,建立从水产养殖到运输、销售等各个环节一体化的全程质量追溯平台,可为水产养殖企业、物流企业及销售企业提供信息接入服务,可实现养殖生产企业从"池塘到餐桌"全过程的质量安全监控,为水产品供应链上的各级用户提供增值服务。此外,开展基于物联网的水产品溯源研究可为物联网、软件技术和人工智能技术应用于水产品溯源奠定理论基础,同时也可进一步促进这些技术的发展。

1.2 国内外应用现状

1.2.1 国内追溯系统的应用现状

产品质量安全追溯制度是新时期加强农产品质量安全监管的一项制度创新。农产品质量安全追溯制度就是生产环节有档案、有记录;流通环节有包装、有标签、有标识、有产地来源等信息;市场环节索证索票、有档案;从生产到市场全程有质量监测监管,发现问题及时发布通报等。

在可追溯技术体系开发与应用方面,水产品质量安全可追溯相关编码和识别技术在我国都得到了一定程度的应用。2006 年 12 月,国家科技部立项开展"863"计划子课题"水产养殖产品质量全程跟踪与溯源系统示范应用",广东省成为该试点项目的唯一省份,我国由此开始水产品可追溯体系的推广,在广东省开展水产品追溯体系构建、推广和示范试点工作,至 2009 年取得了阶段性成果。2012 年农业部渔业局在沿海 6 省 2 市开展水产品质量安全追溯体系建设试点工作。2012 年 6 月,江苏省水产品质量安全管理中心正式开通国家"863"计划成果的可追溯系统。之后几年内,该系统在整个江苏省得到了强有力的推广和应用,尤其是江苏省的水产养殖企业开始积极使用该系统。2019 年上海淡水鱼批发市场已在全市率先试水,建立起一套利用物联网技术的水产品追溯系统,对周边供应上海的 1 137 个渔场设立追溯监控,从鱼苗投放到整个养殖过程,从产地资源管理到生产标准、质量安全,做到全程可监管。

随着追溯技术的发展和追溯体系建设的深入,信息化追溯体系建设及其标准化工作提到议事日程。2017 年 2 月 16 日,商务部、农业部等七部委关于推进重要产品信息化追溯体系建设的指导意见指出,要分析提炼追溯的核心技术要求和管理要求,明确不同层级、不同类别标准的定位和功能,建成国家、行业、地方、团体和企业标准相衔接,覆盖全面、重点突出、结构合理的重要产品追溯标准体系。研制一批追溯数据采集指标、编码规则、传输格式、接口规范等共性基础标准,实现产品追溯全过程的互联互通与通查通识。在追溯标准化研究的基础上,选择条件好、管理水平高的地区、行业、企业探索开展重要产品追溯标准化试点示范工作,推动标准制定和实施。

1.2.2 国外追溯系统的应用现状

欧盟最先建立水产品追溯体系,在 2000 年 12 月到 2002 年 11 月期间,欧盟制订了关于水产品供应链的可追溯性法律法规,推行"TraceFish"计划,该计划由挪威渔业研究所牵头,由来自欧盟及北欧等诸多国家的各个相关领域的企业和机构团体自愿组成,包括捕捞企业、养殖企业、物流企业、销售企业、IT 企业、研究机构、民间团体组织和立法机构等。"TraceFish"计划的主要目标是研究调查水产品的全链可追溯性,建立水产品可追溯体系的执行标准,即水产品从养殖到物流运输直至最终消费者整个链所需要记录的信息以及信息记录和传递的方法等标准。近年来,一些国外专家和学者致力于水产品追溯体系和追溯技术方面的研究,并取得了重要的成果。Parreno-Marchante 将 RFID 技术和无线传感器网络应用到水产品追溯体系中去,结合 EPC(Electronic Product Code,产品电子代码)标准和 LLRP(Low Level Reader Protocol,低级别读取器协议)协议建立了一套从养殖到餐桌的水产品可追溯系统。从发达国家情况来看,国外对水产品的追溯体系的研究较多,其现有的水产品安全追溯体系无论是法律法规还是技术实现都已经比较成熟,信息系统的建设也比较完善。

2010 年,挪威水产品出口委员会要求水产品生产商在产品包装上标注产品原产国,实施水产品的可追溯性,以促进挪威水产品在全球销售。2016 年 2 月,美国国家海洋和大气管理局(NOAA,National Oceanic and Atmospheric Administration)发布公告,就《进口水产品应对IUU(Illegal, Unreported and Unregulated fishing)及水产品欺诈的追溯识别机制》法规草案征求意见,内容包括要求企业进口指定 17 类水产品时需向公共追溯系统提供进口产品的相关信息,经审核确认该水产品是合法后方可进口,以便打击 IUU 和水产品欺诈行为。越南富安省渔港管理委员会自 2018 年 3 月开始在东作、富乐、民福和仙珠等渔港实现水产品来源追溯。具体而言,渔港管理委员会将对渔船靠岸时间、鱼类销售量等进行监察。此外,渔民需主动填写出海行程记录,以便跟职能机构定位系统的数据进行核对。

在上述国家,水产品可追溯体系已经基本进入了实用化阶段,其共同点是制定相关的标准制度、健全完善的法律法规并能有效规范地监督与执法,使水产品可追溯制度成为保障水产品质量安全的有效手段,但同时也对其他国家和地区形成了一种新的技术性贸易措施。

1.3 存在的问题和研究内容

1.3.1 存在的问题

目前,我国水产品可追溯体系的研究和实践相对发达国家还较为落后,可追溯法律法规相对缺乏。虽然国家质检总局 2004 年 5 月出台了《出境水产品追溯规程(试行)》,出口水产品及其原料需按照该规程的规定进行标识,实现了我国的出口水产品可以通过产品外包装上的标识从成品追溯到原料。但是在国内水产品追溯体系尚未完全建立,仍处于部分区域或企业的试点阶段,这也与国内的生产方式和监管机制有关。总的来说,我国建立健全水产品可追溯体系面临以下三方面的问题。

1. 缺乏强制性法规与相关技术标准

我国还没有针对水产品可追溯的可操作性法规和标准,也没有建立起完整的保障水产品可追溯制度实行的管理体系。目前存在的法规条文主要在食品安全方面。2009 年 6 月1 日起开始实施的《食品安全法》对食品的生产、加工、包装、采购等供应链各环节提出了建立信息记录的法律要求,以便日后的追溯和召回;随后实施的《食品安全法实施条例》则明确食品生产经营者为食品安全第一责任人,规定生产企业需如实记录食品生产过程的安全管理情况,记录的保存期不得少于 2 年;食品批发企业应如实记录批发食品的名称、购货者姓名及联系方式等,记录、票据的保存期不得少于 2 年。《食品安全法》及其实施条例的实施为我国开展食品安全追溯提供了法律保障,也是建立健全追溯体系的良好契机。

2. 生产经营分散,监管模式分段管理

我国水产品生产分散、经营规模多样,小农户生产所占比例较大,各生产者的生产方式和生产能力参差不齐。此外,我国采用多部门监管的管理模式,各个地区监管程度或管理水平不同,造成对生产环节和流通环节的追溯信息采集量大、面广,难度大。许多养殖场有一些生产记录,但是涉及可追溯的记录不规范、不全面,没有统一的格式,大部分小农户更是没有一套完整的生产记录体系。相对来讲,水产品加工环节比较规范,少数大型水产企业已经开始与国际接轨尝试利用计算机来进行企业生产信息的管理。流通环节也存在良莠不齐的现象,一些大型水产批发市场或超市记录比较规范,信息较为全面,但有些小型批发市场或者农贸市场销售的鲜活水产品最多只能知道产地,要进一步确认到具体养殖户的信息存在很大的难度。

3. 基础技术研究薄弱

目前,我国虽然已初步形成一些具有自主知识产权的相关技术成果可应用于可追溯体系,但因成本高、普及性不强等原因,部分技术仍仅限于理论研究与应用探索阶段,系统研究缺乏,大范围应用、实践基础尚不具备。由于我国水产养殖业品种繁多、形式多样,不同水产品形态、包装以及流通渠道存在明显差异,一旦可追溯体系开始进入实质应用阶段,对追溯系统的软件硬件产品的需求量会很大,目前一些科技信息公司的研发产品尚不能完全满足需要,仍需积极进行这方面的研发和探索。

1.3.2 水产品追溯研究内容

作者团队紧密结合水产品溯源系统的功能需求,运用物联网技术、软件技术和智能技术,开展水产品溯源与安全预警关键技术研究及其应用示范,研制了一体化的水产养殖、水产品流通等环节的信息采集、传输、存储、分析及应用的硬件装置及软件系统,包括以下两个方面。

(1) 基于 ZigBee、移动通信和互联网等技术相结合的数据传输技术、基于滑动时间窗口的数据预处理技术、基于多种人工神经网络(RBF、DBN、NARX)的养殖和运输环境异常预警技术、基于 Hopfield 神经网络的溯源二维码复原技术、基于 Petri 网的水产品溯源建模与优化技术等。

(2) 在水产养殖和水产品流通等环节的监测体系结构的搭建、监测节点的设计、无线传感器网络节点智能供电模块的设计、组网方案的设计等研究基础上,设计和开发了水产养殖和水产品流通等环节的相关参数自动监测、安全预警及水产品溯源的系统平台。其中包括基于无线传感器网络的水产养殖水质参数(如温度、PH、溶解氧、氨氮、氧化还原电位等)自动采集系统、水产品流通环境参数(如温度、湿度、氧气、二氧化碳)自动采集系统、水产养殖日常管理和辅助决策系统、基于人工神经网络的水产养殖水质参数及运输环境参数预测系统、基于 RFID 和二维码的水产品流通管理及溯源系统等。

本章小结

水产品追溯的需求日益增加,建立合理有效的水产品质量安全可追溯系统,是提高水产品质量安全管理效率的重要途径之一。我国水产品质量安全可追溯体系建设刚刚起步,处于初级阶段,存在诸多问题,需要社会各界通力合作。本章主要分析了我国水产品质量安全可追溯体系建设的现状与存在问题,并对作者团队所开展的研究内容进行简单概述。

参考文献

[1] 牛景彦,王育水.水产品质量安全可追溯体系建设问题研究[J].科技创新与生产力,2019(5):37-39.

[2] 田洁,徐大明,孙传恒,等.水产品质量安全追溯技术及系统研究进展[J].中国水产,2017(10):32-36.

[3] 刘杰,于合龙,李道亮,等.基于物联网的水产品质量安全过程控制方法与系统研究[J].广东农业科学,2013,40(12):193-196.

[4] 马莉,赵丽,刘学馨,等.基于 Web 服务的水产品批发市场质量追溯系统设计[J].农业网络信息,2013(1):8-11.

[5] 高吉,翁绍捷,王玲玲,等.基于 RFID 技术的水产品供应链中信息管理的研究[J].安徽农业科学,2012,40(8):5019-5021.

[6] Parreno-Marchante, Alfredo. Advanced traceability system aquacul-ture supply chain [J]. Journal

FoodEngineering，2014，122（1）：99－109.

［7］ 王媛，蔡友琼，徐捷.国内外可追溯体系现状及我国水产品可追溯存在的问题［J］.中国渔业质量与标准，2012，2（2）：75－78.

［8］ 韩刚，宋金龙，陈学洲，等.水产品质量安全可追溯体系建设探析［J］.中国水产，2018（12）：47－49.

［9］ 王玎，梁厚广.水产品追溯标准化研究［J］.中国水产，2017（12）：40－43.

［10］ 吕青，王海波，顾绍平.可追溯体系及其在水产品安全控制中的作用［J］.渔业现代化，2006（3）：7－9.

［11］ 方炎，高观，范新鲁，等.我国食品安全追溯制度研究［J］.农业质量标准，2005（2）：37－39.

［12］ Fabinyi M，Liu N，Song Q，et al. Aquatic product consumption patterns and perceptions among the Chinese middle class［J］. Regional Studies in Marine Science，2016（7）：1－9.

［13］ Hong I H，Dang J F，Tsai Y H，et al. An RFID application in the food supply chain：A case study of convenience stores in Taiwan［J］. Journal of Food Engineering，2011，106（2）：119－126.

第2章 水产品安全追溯与预警关键技术

在溯源体系中,水产品的编码和标识是进行水产品安全追溯的前提,因此,编码和标识信息的标准化技术非常重要。常见的 EAN/UCC、EPC 和 ISO 等电子编码体系能够以标准化的方式提供食品在供应链中的定位信息。物联网技术中的条形码、二维码和 RFID 等,是先进的信息自动识别与采集技术,可以对水产品供应链的生产、加工、储藏及零售等环节的管理对象进行标识,并借助信息系统进行管理。一旦出现水产品质量安全问题,可以通过这些信息标识进行追溯,准确地缩小水产品质量安全问题的查找范围,定位出现问题的环节,追溯水产品质量安全问题的源头。水产养殖和运输过程中的环境数据是水产品追溯的重要信息,能有效地反映和保障水产品质量安全,这些数据的实时采集与预测是实现水产品安全追溯与预警的基础。

2.1 水产品追溯标识技术

2.1.1 条形码技术

2.1.1.1 国内外研究现状

建立水产品追溯系统,促进中国水产品安全体系搭建是保障消费者购买食用水产品安全和提升我国水产品竞争力的重要手段。其中,统一编码是实现水产品溯源的第一步。关于追溯码的研究,国外大多数采用 EAN. UCC(European Article Numbering-Uniform Code Council)系统来跟踪和溯源农产品的生产过程,EAN. UCC 系统是由国际物品编码协会和美国统一代码委员会共同开发、管理和维护的全球统一标志系统和通用商业语言,在运输业、物流等领域已经广泛应用。欧盟等国已采用 EAN. UCC 系统成功对牛肉、蔬菜等开展了食品跟踪研究。

我国物品编码中心已出版的有《牛肉产品跟踪与追溯指南》《EAN/UCC 规范用于水果、蔬菜和马铃薯的标识与追溯》《水果、蔬菜跟踪与追溯指南》等;中国农业部还颁布了《动物免疫标识管理办法》,规定了动物免疫标识的编码、标准由农业部统一设计,编码全国统一。

同时,我国的一些科研学者也对追溯码的编码进行了研究,提出了很多的设计方案。如孟猛(2013)在农产品追溯编码的研究上,采用了生产者+产地+采摘日期+产品种类+包装日期的编码方式,实现了对农产品的溯源;苗凤娟等(2019)基于 WSN 和 RFID 技术设计了稻米溯源系统,来对稻米的种植、存储、加工、运输和销售环节进行实时、精准的溯源;王志铧等(2020)将区块链技术引进农产品可信溯源中,采用"一环节一账本"的设计思想与动态溯源机制,保证系统灵活适应复杂的生产情况。

2.1.1.2 条形码技术简介

条码主要通过设置不同的空(白条)和条(黑条)来反映信息,从而来代表具有一定规则排列数字信息。一维码是条码中较为常见的一种,黑条表示二进制的"1",白条为"0",而且一定宽度(例如 0.33 mm)的黑色或者白色条为一个基本的二进制位(很宽的黑条是由好几个单位宽度的黑条组成的,会解析出来好几个连着的二进制"1")。将条码转化为有意义的信息,需要经历扫描和译码两个过程。扫描过程将条码识别为由"0""1"构成的二进制串信息;译码过程是根据一定的编码规则(码制)将二进制串信息转化为相应的数字、字符等信息。常见的条形码制大概有二十多种,其中,EAN、UPC、ITF25、Code39、CODABAR、Code128和 EAN128 码使用频率比较高,其中 UPC 条码在北美获得了广泛的推广,国际通用的主要为 EAN 条形码,该条码主要特征是定长、无含义,在商品标识中有着广泛的应用。

录入速度快是一维条形码带来的最大优点,并且可靠度高,但也存在一些不足,主要包括以下几点:

- 条形码中允许识别的符号只有数字、字母;
- 条形码的形状较大,不能充分地利用空间;
- 当受到破坏后,条形码信息不能被还原。

2.1.1.3 GS1 全球统一标识系统

GS1(Globe Standard 1)系统是以对贸易项目、物流单元、位置、资产和服务关系等进行编码为核心的集条码、射频等自动数据采集、电子数据交换、全球产品分类、全球数据同步、产品电子代码(EPC)等技术系统为一体的,服务于全球物流供应链的开放的标准体系。GS1系统是由国际物品编码协会开发、管理和维护的全球统一和通用的商业语言,其主要特点有以下几点。

一是开放性。GS1 系统的标识代码能在全球供应链的开放系统中使用,不受国界、市场、行业及应用系统的限制。GS1 系统在世界范围内为标识商品、服务、资产和位置提供准确的编码。这些编码能够以条码符号或 RFID 标签来表示,以便进行电子识读。该系统克服了厂商、组织使用自身的编码系统或部分特殊编码系统的局限性,提高了贸易的效率和对客户的反应能力。

二是统一性。GS1 系统采用全球统一的编码结构、数据载体和数据交换标准,可以实现数据共享。GS1 系统通过具有一定编码结构的代码实现对相关产品及其数据的标识,该结构保证了在相关应用领域中代码在世界范围内的唯一性。

三是可扩展性。GS1 系统在提供唯一的标识代码同时,GS1 系统也提供附加信息的标识。例如有效期、系列号和批号,能够满足不断增长的客户需求。

目前,全球共有 100 多个国家(地区)采用这一标识系统,广泛应用于工业、商业、出版业、医疗卫生、物流、金融保险和服务业,大大提高了供应链的效率。GS1 系统用于电子数据交换(EDI,Electronic Data Interchange),极大地推动了电子商务的发展。

GS1 系统主要包含三部分内容:编码体系,可自动识别的数据载体,电子数据交换标准协议。

1. 编码体系

编码体系是整个 GS1 系统的核心,是流通领域中所有的产品与服务(包括贸易项目、物流单元、资产、位置和服务关系等)的标识代码及附加属性代码。附加属性代码不能脱离标识代码独立存在。GS1 系统具有良好的兼容性和扩展性,编码系统包括六个部分:全球贸易项目代码(Global Trade Item Number, GTIN)、系列货运包装箱代码(Serial Shipping Container Code, SSCC)、全球参与方位置代码(Global Location Number, GLN)、全球可回收资产标识(Global Returnable Asset Identifier, GRAI)、全球单个资产标识(Global Individual Asset Identifier, GIAI)和全球服务关系代码(Global Service Relation Number, GSRN),如图 2 - 1 所示。

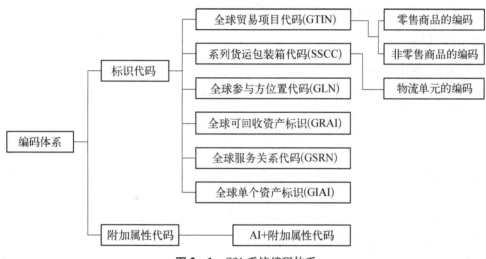

图 2 - 1　GS1 系统编码体系

2. 数据载体

条码是目前 GS1 系统中常用的数据载体。条码技术基本特征包括以下方面。

(1)该技术操作简单。由于条码符号易于实现,并且在进行扫描识别中操作方便。

(2)在条码信息采集过程中响应速度迅速。对比于人工计算机操作,条码信息采集有着典型的优势,由于其响应速度迅速,是人工计算机输入操作的 20 倍以上。

(3)条码包含的信息量大。一个条码包含几十位字符,这就能代表大量的信息量,并且采用不同码制的条码能够进一步提高字符的密集程度,使得录入的信息量大幅提高。

(4)信息记录准确,保证高可靠性。人工计算机输入存在操作失误率高,很容易导致信息记录错误,利用光学字符进行信息识别,也可能存在万分之一的失误率。然而,条码扫描技术却能提供非常高的可靠度,一般发生失误的概率为百万分之一,首读率维持在百分之九十八左右。

(5)整个技术需要设备简单,运行成本低。所需要的条码识别设备往往结构非常简单,而且与其他自动识别技术比较而言,它的费用比较低,因此可将此方法应用于水产品的追溯体系中。

EAN/UCC-128 条码是 GS1 系统中唯一一个用于表示附加信息的条码,可广泛地应用于非零售贸易项目、物流单元、资产和位置的标识,如图 2-2 所示。

(01)07612345000121(10)123ABC-3

图 2-2　UCC/EAN-128 条码示例

3. 电子数据交换标准

GS1 系统的电子数据交换(EDI)标准采用统一的报文标准传送结构化数据,通过电子方式从一个计算机系统传送到另一个计算机系统,使人工干预最小化。

2.1.2　RFID 技术

2.1.2.1　国内外研究现状

2007 年 12 月 4 日,国家质量监督检验检疫总局网站上发布了"关于贯彻《国务院关于加强食品等产品安全监督管理的特别规定》实施产品质量电子监管的通知",要求重点产品生产企业必须在产品包装上使用电子监管码后,方可出厂销售,这一举措对预包装食品生产企业影响巨大,实际是设置了新的行政许可和市场准入条件,国家相关部门在产品质量和食品安全专项整治工作上规定,打好专项整治特殊战役的关键是要建立质量追溯和责任追究体系,建立覆盖全社会的产品质量监管网络,其核心就是可追溯体系。

国内对追溯系统的研究,大多集中在行业应用中。白红武等(2013)阐述了基于.NET 技术和 ERP 思想的蛋鸡健康养殖网络化管理信息系统的研发过程,借鉴"产前、产中和产后"的全程管理思想,采用了鸡舍环境预警模型,让消费者可以在网上查询到相关鸡蛋的相关信息。

谢菊芳等(2005)利用 Microsoft SQL Server 数据库和 ASP.NET 实现了工厂化猪肉安全生产溯源数字系统,对于国内畜禽肉产品的跟踪与追溯系统研究积累了宝贵的经验。刘俊荣等(2007)通过分析水产品供应链业务流程,结合建立追溯系统的原则,对水产品追溯系统的具体实现进行了研究。张珂和张志文(2009)以我国水产品市场现状为基础,设计了水产品追溯系统基础结构,讨论了我国建设追溯系统需要解决的问题并提出了解决办法。袁红春、丛斯琳(2016)提出了一种基于射频识别(RFID)的 Petri 网在水产品全程质量追踪和溯源系统应用的方法,以构建高效的基于物联网技术的水产品溯源与安全预警平台。

2.1.2.2　RFID 技术简介

RFID 为无线射频识别技术(Radio Frequency Identification)的英文缩写。RFID 通过射频信号自动识别目标,并可透过外部材料读取芯片数据。而且该技术可识别高速运动物体,并可同时识别多个标签,因此不仅可以识别一类物体,也可以识别单个具体的物体。此外,与条形码、磁条等其他自动识别载体相比,RFID 储存的信息量非常大,操作快捷方便,识别工作无须人工干预,可在各种恶劣环境下工作。

1. RFID 的优势

RFID 技术被普遍认为能够取代条形码技术,成为全球性的统一产品标识技术,这是因为相对于条码技术,RFID 具有以下优势。

(1) 无可见性要求,可以透过外部材料读取数据。

(2) 不易破损,可以多次重复使用而不会损坏。

(3) 不能被复制,其序列号是全球唯一的,且不能更改。

(4) 可以在低劣的作业环境下工作,使用寿命较长。

(5) 可以轻易地嵌入或附在不同类型的产品上,这样就可以做成各种样式。

(6) 提高了读取距离和可配置水平。

(7) 快速安全,写入数据所需的时间比打印条形码所需的时间少,而且可以对内部数据进行安全存取。

(8) 存储容量更大,可以达到几 KB 内容。

(9) 可变化,具有数据升级及多次读写能力。

(10) 具有密码保护功能,要读取 RFID 标签所存取的信息必须有密码,并且使用无效的密码试图获取信息一定次数后,此 RFID 标签就会被锁死。

(11) 防冲突,可同时读取多个 RFID 标签,而且不会冲突。

RFID 读写器发送无线信号时所使用的频率被称为射频识别系统的工作频率,可划分为四个主要范围:低频(30~300 kHz)、高频(3~30 MHz)、超高频(433 MHz,860~960 MHz)以及微波(2.45 GHz 以上)。各个频率段有各自的特点,适合于各种不同的应用场景。超高频中的 860~960 MHz 工作频率最远可以达到 10 米的传输距离,通信质量较好,所以比较适合供应链管理。

2. 电子标签分类

电子标签按供电方式分为无源电子标签、有源电子标签和半有源电子标签三种。

(1) 无源电子标签。标签内部没有电池,其工作能量均需阅读器发射的电磁场来提供,具有重量轻、体积小、寿命长、成本低等优点,可制成各种卡片,是目前最流行的电子标签形式。其识别距离比有源系统要小,一般为几米到十几米,而且需要较大的阅读器发射功率。

(2) 有源电子标签。通过标签内部的电池来供电,不需要阅读器提供能量来启动,标签可主动发射电磁信号,识别距离较长,通常可达几十米甚至上百米,缺点是成本高寿命有限,而且不易做成薄卡。

(3) 半有源电子标签。集成了有源 RFID 电子标签和无源 RFID 电子标签的优势,作为一种特殊的标识物,其内有电池,但电池只对标签内部电路供电,并不主动发射信号。在多数情况下,常处于休眠状态不工作,只有在其进入低频激活器的激活信号范围时,才被激活开始工作,因此其工作寿命比一般有源系统标签要长很多。

当多个 RFID 标签同时出现在一个读写器天线的识读范围内,而且必须同时进行识别和跟踪时,就需要读写器具有防冲突的能力。这种情况在大多数的供应链应用系统中经常出现,例如在一个仓库库房中使用 RFID 进行存货管理,可能一个读写器的读写范围就有成百上千个带有 RFID 标签的货物。现在大多数的读写器都有一定的防冲突能力。

3. RFID 技术的应用价值

RFID 技术具有许多 IC(Integrated Circuit)卡以及其他传统的自动识别技术无可比

拟的优点,如非接触、距离远、可读写、信息量大、无须人工干预和多目标同时识别等(如表 2-1 所列),尤其适于自动化控制。它既可支持只读工作模式,也可支持读写工作模式,无须接触或瞄准方向,可以应用于粉尘、油污等高污染环境和放射性环境,其封闭式封装使得其寿命大大超过条形码。RFID 电子标签不仅可以嵌入或附着在不同形状、类型的产品上,而且可以为标签数据的读写设置密码保护;数据部分可以采用 DES、RSA、DSA、MD5 等加密算法实现安全管理;读写器和标签之间可以相互认证,从而具有更高的安全性。

表 2-1　RFID 与条形码、磁条以及接触式 IC 卡的比较

属　性	条形码	磁　条	接触式 IC 卡	RFID
信息追加和更新	不可能	可能	可能	可能
读写性能	R	R/W	R/W	R/W
读取方式	CCD/激光束扫描	电磁转换	电擦写	无线通信
同时读取	不能	不能	不能	可能
障碍物影响	仅视距内可通信	需接触,不可有障碍	需接触,不可有障碍	除水和金属外无影响
方向要求	要求	单向	单向	不要求
读取距离	近	直接接触	接触	远
信息存储量	小	较小	较大	大
环境适应性	弱	一般	较强	强
信息载体	纸张、塑料薄膜	磁性物质	EEPROM	EEPROM
读取方便性	表面定位读取,目标移动速度有限制	需要人工参与,磁性物质不可磨损	需接触后才能读取,需要人工参与	全方位穿透性读取,可以对高速移动物体读取
安全保密性	差	一般	好	好
使用寿命	一次性	短	长	很长

2.1.2.3　RFID 标准体系

　　RFID 的推广受到标准问题的困扰,各个厂家推出的标准存在着频率、调制方式、数据传输方式等方面的差异,不能互相兼容。目前,应用较广的 RFID 标准主要有 EPCglobal、ISO 和 UID。这几大标准的制定组织分别代表了国际上不同团体或国家的利益。EPCglobal 由北美 UCC 产品统一编码组织和欧洲 EAN 产品标准组织联合成立,旗下有沃尔玛集团、英国 Tesco 等企业,同时,有 IBM、微软、飞利浦、Auto - ID Lab 等公司提供技术支持。UID(Ubiquitous ID Center,泛在 ID 中心)则为日本制定具有自主知识产权的 RFID 技术标准,主要由一些日本厂商组成。ISO 标准则秉持标准的基本理念,更侧重标准的中立性。RFID 技术的标准体系主要包括空中接口规范、物理特性、读写协议、编码体系、应用规范、测试规范、数据安全和应用管理等。

表 2－2 列出了目前国际上比较常用的几种 RFID 标准。

表 2－2　常见的 RFID 标准

标 准 编 号	标 准 名 称	频率/MHz	典型代表产品
ISO 15693	识别卡—非接触 IC 卡—遥耦合卡	13.56	TI Tag－it Philips I－CODE
ISO 14443 TYPE A	识别卡—近耦合卡	13.56	Philips MAIFARE
ISO 14443 TYPE B	识别卡—近耦合卡	13.56	ST M35101
ISO 10563	识别卡—非接触 1C 卡	4.91	Kapsch Multicard
ISO 11784/85	动物识别	0.1～0.15	Philips HITAG
ISO 18000－6	全球通用频率非接触接口	860～930	EPC

2.1.2.4　EPC 编码

EPC 编码是 RFID 标签的重要组成部分,它将实体和实体的有关信息代码化,通过规范统一的编码建立起全球通用的一种信息交换语言。EPC 编码是 EAN/UCC 基于原有全球统一编码体系的基础上提出的,它代表了新一代全球统一标识的编码体系,是原有编码体系的很好的改善和延伸。它的目标是为特定的物理对象提供唯一的标识,这种标识在全球所有的物理对象中都是独一无二的,从而实现全球范围内对单件产品的跟踪和追溯。EPC 编码具有以下几种特性。

1. 唯一性

EPC 编码是对物理对象的唯一标识,也就是说,一个 EPC 编码对应一个物品。根据产品的信息,如产地、型号、销售地等,赋予不同的编码。为了保证实现此目的,需解决三个问题:

（1）地址空间问题。考虑到过去、现在和将来对物品标识的需要,必须有充足的 EPC 编码来实现。

（2）编码冲突问题。要保证 EPC 编码分配的唯一性,同时要寻求解决编码冲突方法。这会促使负责 EPC 编码的分配问题的组织产生。

（3）使用期限和再利用问题。需要保证产品的使用期限与产品的生命周期一致。

2. 永久性

物品 EPC 编码一经分配,就固定不变了。当此物品停产时,其对应的 EPC 编码只能搁置起来,不能重复使用或者分配给其他物品。

3. 简单性

EPC 编码需要尽可能简单并且能够提供实体对象的唯一标识。过去设计的编码方案,很少能被广泛使用,原因之一就是编码的复杂性导致编码不实用。

4. 可扩展性

发展一种全球性标准的难点之一是预算现在和将来的所有可能的应用。EPC 地址空间留有备用空间,具有可扩展性。这样,保证了 EPC 系统的升级和可持续性发展。

5. 保密性和安全性

EPC 定义同安全和加密技术相耦合,使得编码具有高度的保密性和安全性。保密性和安全性是配置高效率网络的首要问题之一。安全的传输、存储和实现是 EPC 能否被广泛使用的基础。

6. 无含义

为了保证编码有充足的容量来适应物品频繁更新的需要，可采用无含义的序码。

2.1.2.5 RFID 和 EPC 编码结合应用在水产品溯源中优势

与普通产品相比较，现代水产品在养殖、配送和销售管理中，它除了包含一般产品的基本特点外，还有自己鲜明的行业特色，如活水车运输、冷加工、冷库储存及冷藏车运输技术等。结合实际项目来看，将 RFID 和 EPC 技术应用到水产品溯源中，有以下六种优势。

（1）水产品常处于潮湿环境中，一般的识别技术极易在此环境中受到腐蚀从而影响工作。但 RFID 具有抗污染的能力，同时使用 RFID 可以提高水产品信息读取的速度和准确性。

（2）EPC 可以唯一标识产品，采用 EPCglobal 的编码标准和可读写的 RFID 标签，通过改写 RFID 标签内的 EPC 编码实现标签的循环利用，降低企业的生产和管理成本。

（3）RFID 具有同时读写多个标签信息的特征，因此采用此技术，可以大大提高工作生产效率。

（4）在加工车间部署温度传感器和射频标签，随时监控加工车间的温度变化，保证了水产品在加工过程中的质量安全。

（5）用户可以通过追溯码进行信息查询，可以看到权威的信息，从而使消费者的购买信心增加，也树立了企业的良好形象。

（6）构建溯源平台，对水产品养殖运输进行批次的管理，当产品出现问题时，可以迅速定位问题产品并及时召回，减少问题产品给社会造成的经济损失，减少政府的健康支出，提高了政府的公众形象。

2.1.3　二维码技术

2.1.3.1　国内外研究现状

二维码技术兴起于 20 世纪后期，不同码制相继被提出。二维码技术的核心想法就是把一维码从上往下聚集起来。常见二维码有 Code 49、Code 16K 等。1987 年，在 David AUais 的努力下 Code 49 应运而生，随后 Intermec 公司对其进行推广；1989 年 Ted Williams 经过努力研发出了 Code 16K；1990 年美国迅宝科技的王寅军提出了以行排列方式的二维码，就是被广泛应用的 PDF417 条码。在缝合算法的支撑下，PDF417 条码得到了很好的推广应用。紧随其后，很快迎来了矩阵码。矩阵码在编码及使用方式上，与行排式二维码有许多不一样的地方。Data Matrix 是最早被提出的矩阵二维条码，由 Dennis Priddy 和 Robert S Cymbalski 研究发明。随着提出二维码的类别越来越多，1992 年由 Ted Williams 提出的，作为其中最早被国际公认的二维码的 Code One 也受到了广泛的关注。1994 年日本 Denso 公司提出了 QR 码，该二维码可以对汉字进行编码的优点得到大家广泛认可。QR 码在我国也是被大量关注，也正是因为在所有码制中 QR 码第一个把中文汉字纳入编码范围。2009 年微软通过增加色彩维度，开发出了不同于普通二维码的"Microsoft Tag"，这种条码的颜色不再拘泥于黑白两色,因而命名为彩色条码。

二维码在我国的研究起步晚于其他国家,直至 20 世纪 90 年代才开始研究二维码,也正是在政府的大力支持下,使二维码技术在我国许多领域被许多人所关注。初期是通过研究中国物品编码的研究来认识二维码,也是对常见二维码的一个初步研究,把一些成熟条码作为研究对象,来开发一些适合国内领域所需要的二维码。2002 年由深圳矽感科技公司提出的紧密矩阵码 CM(Compact Matrix)二维码诞生,随后在此基础之上又出现了网格矩阵码 GM(Grid Matrix)二维码;2003 年 11 月 22 日,上海龙贝信息首次提出龙贝码,成为我国在二维码方面上具有自主知识产权的象征;时隔两年之后,中国编码中心诞生了汉信码。国家质量监督局是我国条码研究的主要机构,它们对网格矩阵码和紧密矩阵码制定了相应的标准,促进了二维码在我国的发展。

2.1.3.2　二维码技术简介

二维码是一种成本极低的物联网感知技术,其存储容量比传统的一维条码有了飞跃性的提高,上千个字符能够被存储到一个邮戳大小的条码符号中。作为一种大容量、低成本的信息载体技术,二维码在交通运输、工农业、商业、金融、海关、国防、公共安全、医疗保健和政府管理等各个领域得到了极为广泛的应用。

1. 二维码的相关标准

国际上,二维码技术国际标准由国际标准化组织 ISO 与国际电工委员会 IEC 成立的第一联合委员会 JTC1 的第 31 分委员会,即自动识别与数据采集技术分委员会(ISO/IEC/JTC1/SC31)负责组织制定。目前已完成 PDF417、QR Code、Maxi Code、Data Matrix、Aztec Code 等二维码码制标准的制定;系统一致性方面的标准已完成二维码符号印制质量的检验(ISO/IEC 15415)、二维码识读器测试规范(ISO/IEC 15426 - 2)。二维码的应用标准由 ISO 相关应用领域标准化委员会负责组织制定,如包装标签二维码应用标准由国际标准化组织 ISO 包装标准化技术委员会(TC122)负责制定,目前已完成包装标签应用标准的制定。国际自动识别制造商协会(AIM)、美国标准化协会(ANSD)已完成了 PDF417,QR Code,Code 49,Code 16K,Code One 等码制的符号标准。

在我国,二维码技术由全国信息技术标准化技术委员会自动识别与数据采集技术分技术委员会负责(SAC/TC28/SC31),中国物品编码中心作为分委员会秘书处单位已于 2003 年 3 月制定完成了二维码标准体系,给出了我国二维码标准体系的总体框架,以作为我国二维码技术与应用标准的基础和依据,并随着我国二维码技术的广泛应用和发展对其不断地更新和充实。

二维码标准体系采用树形结构,共分两层,层与层之间是包含与被包含的关系,第一层包括了当前二维码技术领域的所有标准,分为二维码基础标准、二维码码制标准、二维码系统一致性、二维码应用标准四个部分。第一部分包括二维码术语标准;第二部分二维码码制标准又分为行排式二维码、矩阵式二维码和复合码三部分;第三部分包括符号印制质量和设备两个方面的标准,其中设备又分为生成设备、识读设备和检测设备三类;第四部分为二维码在各个具体行业中应用的标准。第二层由第一层扩展而成,共分若干方面,每个方面又分成标准系列或个性标准。二维码标准体系结构图见图 2 - 3。二维码标准状态明细表见表 2 - 3。

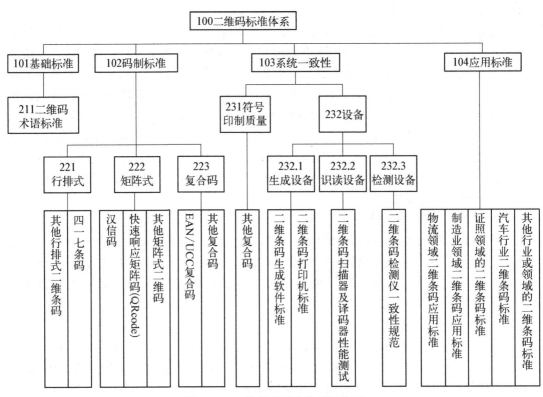

图 2-3　二维条码标准体系结构图

表 2-3　二维条码标准状态明细表

代号	序号	标　准　名　称	标准代号和编号	采用的或国际、国外标准号
101		基础标准		
211		二维条码术语标准		
102		二维条码码制标准		
221		行排式二维条码		
	1	四一七条码	GB/T17172-1997	ISO/IEC 15438
222		矩阵式二维条码		
	1	快速响应矩阵码(QR code)	GB/T18284-2000	ISI/IEC 18004
	2	汉信码(Chinese Sensible code)	GB/T21049-2007	
	3	网格矩阵码	GB/T27766-2011	
	4	紧密矩阵码	GB/T27767-2011	
223		复合码		
	1	国际技术规范-EAN/UCC 复合码		
103		系统一致性		
231		符号印制质量		

代号	序号	标　准　名　称	标准代号和编号	采用的或国际、国外标准号
	1	二维条码印制质量检验	GB/T23704－2009	
104		应用标准		ISO/IEC 15415
	1	物流领域二维条码应用标准	GB/T19946－2005	

2. 二维码的分类

与一维条码一样,二维条码也有许多不同的编码方法,或称码制。就这些码制的编码原理而言,通常可分为以下两种类型。

(1)行排式二维条码。行排式二维条码(又称堆积式二维条码或层排式二维条码),其编码原理是建立在一维条码基础之上,按需要堆积成二行或多行。它在编码设计、校验原理、识读方式等方面继承了一维条码的一些特点,识读设备与条码印刷与一维条码技术兼容。但由于行数的增加,需要对行进行判定,其译码算法与软件也不完全相同于一维条码。有代表性的行排式二维条码有: Code 16K、Code 49、PDF417 等。

(2)矩阵式二维条码。矩阵式二维条码(又称棋盘式二维条码)它是在一个矩形空间通过黑、白像素在矩阵中的不同分布进行编码。在矩阵相应元素位置上,用点(方点、圆点或其他形状)的出现表示二进制"1",点的不出现表示二进制的"0",点的排列组合确定了矩阵式二维条码所代表的意义。矩阵式二维条码是建立在计算机图像处理技术、组合编码原理等基础上的一种新型图形符号自动识读处理码制。具有代表性的矩阵式二维条码有: Code One、Maxi Code、QR Code、Data Matrix 等。

在目前几十种二维条码中,常用的码制有: PDF417、Data Matrix、Maxi Code、QR Code、Code 49、Code 16K 和 Code One 等。二维条码与磁卡、IC 卡、光卡主要功能比较见表 2－4。

表 2－4　二维条码与磁卡、IC 卡、光卡主要功能比较

比较点	二维条码	磁　卡	IC　卡	光　卡
抗磁力	强	弱	中等	强
抗静电	强	中等	中等	强
	强	弱	弱	弱
抗损性	可折叠	不可折叠	不可折叠	不可折叠
	可局部穿孔	不可穿孔	不可穿孔	不可穿孔
	可局部切割	不可切割	不可切割	不可切割

3. 二维码与一维码的比较

在平常生活中,购买物品的包装上都带有一维码(条形码),从外观上看,一维码由条和空组成,这些条和空的宽度并不完全相同。这些条和空组合用来表示相应的信息。一维码对于信息的容量取决于条码的大小,换句话说就是条码的容量由宽度决定。条的实际宽度越宽,条和空的数量就越多,随之条码的容量就上升了。从外观上人眼并不能识读出条码存储的内容,必须使用相应的识读设备才能识别其所存储的内容。

随着现在日益增长的数据量,一维码的容量问题就显得尤为突出。通过许多专家学者的不懈努力,二维码诞生了,它主要是通过计算机对各种信息进行编码。二维码存储信息不需要存储设备的存在,成本远远低于电子存储器。二维码可以利用打印机设备将其打印出来,成本低廉。当然二维码在表面图形上与一维码具有一定的相似之处,都是通过堆积黑白相间的图形在平面上,用来记录各种数据信息。不同的是二维码向二维方向堆积成多行,而一维码仅仅局限于一维。但是除了在存储信息容量上超越一维码之外,二维码与一维码具有许多相似之处,具有多种码字并且每个码字都有各自的编码规则,也是由于二维码较强的图像处理能力,决定了二维码在信息读取和识别上的功能优于一维码。表2-5列出了两者之间各自的优缺点。二维码的主要优点是所携带的信息容量较大、纠错能力较强、可以对汉字进行编码、较强的图像处理保证了安全性高、密度较高,同时由于纠错码带来的好处,具有对错误进行检测和恢复误操作的能力。一维码只能处理简单的数字和字母,对于复杂的汉字则无能为力。二维码通过自身的特点弥补了一维码的不足,不仅仅能够表达基本的信息,同时还能表达声音、汉字和图像等各种信息。二维码降低了信息存储与网络数据库的联系,靠自身的信息存储能力来进行工作。

表2-5　二维码与一维码比较

条　　码	二　维　码	一　维　码
携带信息的容量与密度	密度高,容量大	密度低,容量小
纵向能否表达信息	能	不能,纵向的冗余为了识读方便,提高缺损或局部破损的识别率
作用	产品的描述	产品的标识
识读设备	层叠式的可用线性扫描器进行分次识别,矩阵式的用图像扫描器进行识读	线性扫描器如线性CCD、光笔等
依赖性	可以独立于数据库和网络使用	基本上离不开数据库和网络的支持

图2-4　Code 16K条码示例

4. 几种常见的二维码

(1) Code 16K条码。Code 16K条码(图2-4)是一种多层、连续型、可变长度的条码符号,可以表示全ASCII字符集的128个字符及扩展ASCII字符。它采用UPC及Code128字符。一个16层的Code 16K符号,可以表示77个ASCII字符或154个数字字符。Code 16K通过唯一的起始符/终止符标识层号,通过字符自校验及两个模107的校验字符进行错误校验。Code 16K条码的特性见表2-6。

表2-6　Code 16K条码的特性

项　　目	特　　性
可编码字符集	全部128个ASCⅡ字符,全128个扩展ASCII字符
类型	连续型,多层

项　目	特　性
每个符号字符单元数	6(3 条,3 空)
每个符号字符模块数	11
符号宽度	81X(包括空白区)
符号高度	可变(2~16 层)
数据容量	2 层符号: 7 个 ASCⅡ字符或 14 个数字字符数据容量 8 层符号: 49 个 ASCⅡ字符或 1 541 个数字字符
层自校验功能	有
符号校验字符	2 个,强制型
双向可译码性	是,通过层(任意次序)
其他特性	工业特定标志,区域分隔符字符,信息追加,序列符号连接,扩展数量长度选择

（2）Code 49 条码。Code 49(图 2 - 5)是一种多层、连续型、可变长度的条码符号,它可以表示全部的 128 个 ASCII 字符。每个 Code 49 条码符号由 2 到 8 层组成,每层有 18 个条和 17 个空。层与层之间由一个层分隔条分开。每层包含一个层标识符,最后一层包含表示符号层数的信息。Code 49 条码的特性见表 2 - 7。

图 2 - 5　Code 49 条码示例

表 2 - 7　Code 49 条码的特性

项　目	特　性
可编码字符集	全部 128 个 ASCⅡ字符
类型	连续型,多层
每个符号字符单元数	8(4 条,4 空)
每个符号字符模块数	16
符号宽度	81X(包括空白区)
符号高度	可变(2~8 层)
数据容量	2 层符号: 9 个数字字母型字符或 15 个数字字符 8 层符号: 49 个数字字母型字符或 81 个数字字符
层自校验功能	有
符号校验字符	2 个或 3 个,强制型
双向可译码性	是,通过层
其他特性	工业特定标志,字段分隔符,信息追加,序列符号连接

（3）PDF417 条码。PDF417 码为 1991 年留美华人王寅君博士发明并由讯宝（Symbol）公司制定完成。PDF 是取英文 Portable Data File 三个单词的首字母的缩写,意为"便携数据文件"。因为组成条码的每一符号字符都是由 4 个条和 4 个空构成,如果将组成条码的最窄条或空称为一个模块,则上述的 4 个条和 4 个空的总模块数一定为 17,所以称 417 码或PDF417 码,示例见图 2－6。每一个 PDF417 符号由空白区包围的一序列层组成。

图 2－6 PDF417 条码

每一层包括:左空白区,起始符,左层指示符号字符,1 到 30 个数据符号字符,右层指示符号字符,终止符,右空白区等。每一个符号字符包括 4 个条和 4 个空,每一个条或空由1~6 个模块组成。在一个符号字符中,4 个条和 4 个空的总模块数为 17。

2.1.3.3 QR 码

1. QR 码的结构

日本 Denso 公司在 1994 年 9 月提出了一种新的二维码符号,就是 QR（Quick Response）码。正是由于 QR 的开放性,为后续被广泛使用奠定了基础。正如 QR 的英文名称所示,代表快速响应的意思,可以看出研发者的期望正是 QR 码可以快速被解码。其次它的独特之处在于识读速度较快,这也是区别于其他普通条码的地方。不仅如此,QR 码还具有存储容量较大,可靠性较高,能够有效地表示汉字以及图像等各种信息,具有较高的安全性与保密防伪能力,同时具有快速响应、全方位识读的特点,QR 码完整的组成结构如图 2－7 所示。

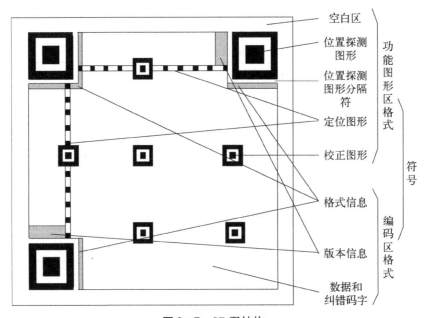

图 2－7 QR 码结构

QR 码由特定几何图形根据一定的规律组合而成。通常外形呈正方形,只有黑白两种颜色所组成,文字数值等信息由这些特定的图形表示。三个顶角呈现"回"字图案的是位置探测图形,它的作用就是在 QR 解码的时候进行定位,当位置探测图形缺失和损坏时,QR 码就不能完成定位功能导致识读失败。这种 QR 码可以从任何角度进行扫描,都不会妨碍二维码里存储的数据被正常读取,功能图形区不参与数据的编码。纠错功能的获取是通过在数据码字之后添加纠错码字,通过纠错算法计算出相应的纠错码字,随后添加在所要存储表达的数据码字之后。当二维码污损的面积在纠错能力范围以内时,二维码存储的信息仍能被识读出。纠错等级划分如下表 2‑8。由于 QR 码具有容错能力,因此被广泛地应用于运输箱外面。因为二维码的面积随着码的容错率升高而增大,因此在实际应用中,一般使用的容错率不超过 15%。

表 2‑8　纠错等级的分类

等 级 分 类	恢复的百分比(近似值)
L	7%
M	15%
Q	25%
H	30%

2. QR 码的识别

常见的三种二维码识读技术分别为线性 CCD 和线性图像式、带光栅的激光阅读器、图像式识读。前面两类主要用于一维码和堆叠式的二维码的识别,优点在于简单、设备成本低,但是通常识别过程复杂,并且只能识别一维码和堆叠式的二维码。融合了图像处理技术与二维码技术的图像式识读方法,它的优点在于有较好的普适性,缺点是增加了识别算法的复杂度。图像式二维码识别技术主要包括图像采集技术和基于图像处理的二维码解码算法,二维码解码算法大体上可以分为五个步骤:图像预处

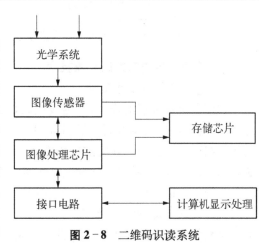

图 2‑8　二维码识读系统

理、定位与校正、读取数据、纠错以及译码。图像式二维码识读系统主要由图像传感器、图像处理系统、光学处理系统以及相关计算机技术组成,对于系统的准确率、可靠性要求较高。

二维码的识别具体顺序是:首先对二维码图像进行区域提取,其次对污损的图像进行校正过程,最后对校正之后的图像进行解码。

区域提取:即对二维码的定位,它是识别的前提。在给定的图像中准确地搜寻到二维码区域,才能继续后面的工作。区域提取就是对二维码主要区域的提取,为后续识别做前提。

图像校正:因为图像拍摄方位不同以及自身图像的弯曲,使得提取到的二维码图像形状产生改变,所以在解码之前有必要对采集到的图像进行校正。校正过程是先计算出图像上的关键点,推算校正图形相应的位置,其次结合映射关系,计算出校正后的二维码图像。

解码：针对校正后的二维码图形进行采样。对网格上的每个交叉点上的像素取样,参照阈值来判断像素所属模块。用二进制的"1"和"0"表示图像上不同的模块,通过这种办法把原始的二维码图像转化成了二进制序列,然后对二进制序列进行纠错和译码,最终通过二维码的编码规则把这些原始的二进制数据流转变为数据信息。目前使用最多的解码技术是基于图像处理技术的二维码解码算法,详细的流程为：先对二维码图像进行预处理操作,其次推算校正图形的位置并且进行校正,再通过读取校正之后的二维码数据进行纠错,最后再进行译码。

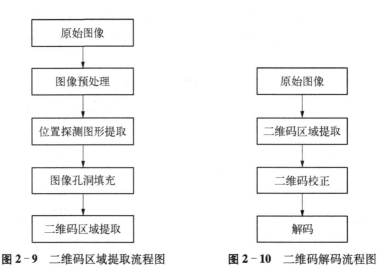

图 2-9　二维码区域提取流程图　　图 2-10　二维码解码流程图

2.1.3.4 污损二维码复原技术

1. 二维码复原技术简介

在信息迅速发展的今天,一维线性码得到了广泛的应用。但是一维线性码存在的缺点有很多,例如在编码量方面有限制;在编码范围上只能是数字和字母,不支持中文;在纠错方面不能纠错,只能校验;在完成应用方面必须依赖数据库。二维码弥补了一维线性码的众多缺点,凭其自身的高容量、高密度、高纠错能力等优点,广泛应用于各行各业。二维码很大程度上改善了人们的生活方式,推动了社会现代化发展。然而在印刷、运输过程中,二维码容易出现污渍或损坏的情况,影响后期二维码的识别。因此如何对污损二维码进行准确识别很有研究价值。虽然二维码自身具有一定的纠错能力,但当污损面积大于码本身的纠错能力范围时,将不能进行正确识别。

QR 二维码在编码过程中加入冗余的纠错码字来实现纠错,导致二维码的信息容量减小。目前的纠错算法中,比较先进的是 Reed-Solomon 算法,但是该算法较为复杂,导致二维码的识别速度不够快。国内的研究学者大多热衷于图像的预处理研究,而在图像预处理过程中,图像的二值化会损失很多有用的图像信息,从而造成二维码识别失败。国外的研究学者对二维码的研究主要偏向于二维码抗破坏的研究,Spagnolo 等(2012)提出一种被称为 HoloBarcode 的二维码,当这种二维码图像表面产生破损的情况下,依然能够正确地识别二维码中所存储的信息。Wakahara 等(2011)不仅实现了二维码的预处理,还完成了对二维码冗余长度的仿真。袁红春等在(2016)利用离散型 Hopfield 神经网络的联想记忆功能对目前应用较为广泛的 QR 二维码污损图像做了进一步研究,并讨论了复原后 QR 二维码的识别率。实验结果表明,改进的 Hopfield 神经网络对污损在一定范围内的 QR 二维码的复原效果较好。

2. Hopfield 神经网络

(1) Hopfield 神经网络基本结构与运算。在 1982 年,Hopfield 神经网络被提出。它是由美国加州理工学院物理学家 J. J Hopfield 教授提出的,是一种单层的反馈网络。网络中信号的传递方向不仅向前,同时信号在神经元之间也有传递。网络由非线性元件构成,它的稳定状态分析相较于前向神经网络复杂得多。它模拟了生物神经网络的机理,对信息进行记忆。

Hopfield 最早提出的网络是二值神经网络,神经元的输出只取 1 和 0,分别代表神经元处于激活状态和抑制状态,所以也称离散 Hopfield 神经网络 (Discrete Hopfield Neural Network,DHNN)。

DHNN 结构如图 2-11 所示。为了使网络可以实现联想功能,并且希望在联想过程中实现对信息的"修复"和"加强",可以要求网络的连接矩阵存放的是一组这样的样本:它的输入向量和输出向量是相同的向量,即 $X = Y$。因此可以按如下方法确定它的连接权矩阵。

设网络训练用的样本集为

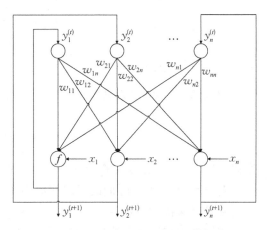

图 2-11 离散 Hopfield 网络拓扑结构

$$S = \{Y_1, Y_2, \cdots, Y_s\},$$

其中对 $j \in \{1, 2, \cdots, s\}$,$Y_j = (y_{j1}, y_{j2}, \cdots, y_{jn})^{\mathrm{T}}$。

取

$$W_0 = \begin{bmatrix} \sum\limits_{k=1}^{s} y_{k1}^2 & 0 & 0 & \cdots & 0 \\ 0 & \sum\limits_{k=1}^{s} y_{k2}^2 & 0 & \cdots & 0 \\ 0 & 0 & \sum\limits_{k=1}^{s} y_{k3}^2 & \cdots & 0 \\ \cdots & \cdots & \cdots & \cdots & \cdots \\ 0 & 0 & 0 & \cdots & \sum\limits_{k=1}^{s} y_{kn}^2 \end{bmatrix} \qquad (2-1)$$

对 $i \neq j$,取

$$w_{ij} = \sum_{k=1}^{s} y_{ki} y_{kj} \qquad (2-2)$$

对 $1 \leqslant i \leqslant n$,取

$$w_{ii} = 0 \qquad (2-3)$$

式中,y_{ik} 表示向量 Y_i 的第 k 个元素。则可得

$$W = Y_1^{\mathrm{T}}Y_1 + Y_2^{\mathrm{T}}Y_2 + \cdots + Y_s^{\mathrm{T}}Y_s - W_0$$

$$= \begin{bmatrix} y_{11}y_{11} & y_{11}y_{12} & \cdots & y_{11}y_{1n} \\ y_{12}y_{11} & y_{12}y_{12} & \cdots & y_{12}y_{1n} \\ \cdots & \cdots & \cdots & \cdots \\ y_{1n}y_{11} & y_{1n}y_{12} & \cdots & y_{nn}y_{1n} \end{bmatrix} + \cdots + \begin{bmatrix} y_{s1}y_{s1} & y_{s1}y_{s2} & \cdots & y_{s1}y_{sn} \\ y_{s2}y_{s1} & y_{s2}y_{s2} & \cdots & y_{s2}y_{sn} \\ \cdots & \cdots & \cdots & \cdots \\ y_{sn}y_{s1} & y_{sn}y_{s2} & \cdots & y_{sn}y_{sn} \end{bmatrix} - W_0$$

$$= \begin{bmatrix} y_{11}y_{11} + \cdots + y_{s1}y_{s1} & y_{11}y_{12} + \cdots + y_{s1}y_{s2} & y_{11}y_{1n} + \cdots + y_{s1}y_{sn} \\ y_{12}y_{11} + \cdots + y_{s2}y_{s1} & y_{12}y_{12} + \cdots + y_{s2}y_{s2} & y_{12}y_{1n} + \cdots + y_{s2}y_{sn} \\ \cdots & \cdots & \cdots \\ y_{1n}y_{11} + \cdots + y_{sn}y_{s1} & y_{1n}y_{12} + \cdots + y_{sn}y_{s2} & y_{nn}y_{1n} + \cdots + y_{sn}y_{sn} \end{bmatrix} - W_0$$

由式(2-2)可知,对任意的 i 和 $j(i \neq j)$,

$$w_{ij} = \sum_{k=1}^{s} y_{ki}y_{kj} = \sum_{k=1}^{s} y_{kj}y_{ki} = w_{ji} \tag{2-4}$$

所以,W 是一个对角线元素为 0 的对称矩阵。

对任意神经元 i 与 j 间的突触权值为 w_{ij},神经元之间的连接是对称的,即 $w_{ij} = w_{ji}$,神经元自身没有连接,即 $w_{ii} = 0$。因此,DHNN 采用的是对称连接,自身没有反馈。

当网络中神经元个数为 n 时,第 i 个神经元的输入为

$$u_i(t) = \sum_{\substack{j=1 \\ j \neq i}}^{n} w_{ij}y_j(t) + b_i \tag{2-5}$$

式(2-5)中,b_i 为阈值或偏差;$y_j(t)$ 为第 j 个神经元在 t 时刻的输出;$u_i(t)$ 为神经元 i 在 t 时刻的输入。对应神经元 i 在 $t+1$ 时刻的输出状态为:

$$y_i(t+1) = f(u_i(t)) \tag{2-6}$$

其中,二值函数 f 可以取阶跃函数 $u(t)$ 或符号函数 $\mathrm{Sgn}(t)$。如果取 $\mathrm{Sgn}(t)$ 函数,则 $t+1$ 时刻,网络的输出 $y_i(t+1)$ 取离散值 1 或 0,即:

$$y_i(t+1) = \begin{cases} 1 & \sum\limits_{\substack{j=1 \\ j \neq i}}^{n} w_{ij}y_j(t) + b_i \geqslant 0 \\ 0 & \sum\limits_{\substack{j=1 \\ j \neq i}}^{n} w_{ij}y_j(t) + b_i < 0 \end{cases} \tag{2-7}$$

(2) Hopfield 网络稳定性判断。稳定性是网络性能的一个重要指标。离散 Hopfield 神经网络工作过程中,能量值越来越小,直至达到最小值。这时网络达到稳定状态,输出结果。

下面给出了 t 时刻具有 n 个神经元的 Hopfield 网络在状态 $Y = (y_1, y_2, \cdots, y_n)$ 时能量函数(Lyapunov 函数)的定义

$$E(Y) = -\frac{1}{2}\sum_{i=1}^{n}\sum_{j=1}^{n} w_{ij}y_iy_j - \sum_{j=1}^{n} b_jy_j + \sum_{j=1}^{n} \theta_jy_j \tag{2-8}$$

如果当前迭代神经元 k 被选择并且不改变其状态，那么系统的能量也不会改变。如果在 $t+1$ 时刻的更新操作中改变神经元的状态，则网络达到新的全局状态 $Y' = (y_1, \cdots, y'_k, \cdots, y_n)$，得到新的能量函数为 $E(Y')$。在包含 y_k 和 y'_k 的所有项求和中，都给出了 $E(Y)$ 和 $E(Y')$ 之间的差异，即

$$
\begin{aligned}
E(Y') - E(Y) &= -(y'_k - y_k) \sum_{j=1 \& j \neq k}^{n} w_{kj} y_j - b_k(y'_k - y_k) + \theta_k(y'_k - y_k) \\
&= -(y'_k - y_k) \Big[\sum_{j=1 \& j \neq k}^{n} w_{kj} y_j + b_k - \theta_k \Big] \\
&= -\Big[\sum_{j=1}^{n} w_{kj} y_j + b_k - \theta_k \Big] (y'_k - y_k) \\
&= -(\mathrm{net}_k - \theta_k) \Delta y_k
\end{aligned}
\tag{2-9}
$$

最终可得到

$$
\Delta E = E(Y') - E(Y) = -(\mathrm{net}_k - \theta_k) \Delta y_k \tag{2-10}
$$

其中，Δy_k 表示神经元 k 状态的变化。当

$$
\Delta y_k = 0
$$

时，有

$$
\Delta E = 0
$$

当

$$
\Delta y_k > 0
$$

时，必有

$$
y'_k = 1, \ y_k = -1
$$

这表示 y_k 由 -1 变到 1，因此必有

$$
\mathrm{net}_k > \theta_k
$$

所以

$$
\mathrm{net}_k - \theta_k > 0
$$

从而

$$
-(\mathrm{net}_k - \theta_k) \Delta y_k < 0 \tag{2-11}
$$

故此时有

$$
\Delta E = E(Y') - E(Y) < 0 \tag{2-12}
$$

这就是说，网络的能量函数是下降的。同理，读者可以自行讨论当 $\Delta y_k < 0$ 时的情况，这里不再详细讨论。

这表明，每次改变一个神经元的状态，网络的总能量就会减少。由于只有一组有限的可能状态，网络最终必须达到一个不能进一步降低能量的状态。这是一个稳定的网络状态，正

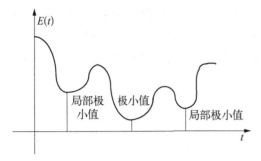

图 2-12　能量函数曲线

如我们想证明的那样。图 2-12 为能量函数 E 随时刻 t 变化的曲线图。

（3）Hopfield 神经网络学习算法改进。将上述传统的离散 Hopfield 神经网络应用于联想记忆时，若学习样本非正交，则存在无法正确联想的情形。为了提高非正交样本的联想记忆效果，作者团队提出了以下改进学习算法。假设用 m 个非正交学习模式训练离散的 Hopfield 神经网络，$U^k = [u_1^k, u_2^k, \cdots, u_i^k, \cdots, u_n^k]^T$，$k \in \{1, 2, \cdots, m\}$ 是网络中任一学习模式。网络的输入向量 U^k 在 t 时刻的输出为 $y^k(t) = [y_1^k(t), y_2^k(t), \cdots, y_n^k(t)]^T$，在训练网络时，经过一段时间后 $y^k(t) \neq U^k$，训练网络的主要任务是生成连接关系矩阵 W。对于学习模式中任意 U^k，均有 $y^k(t) = \mathrm{Sgn}$，$k \in \{1, 2, \cdots, m\}$，$y^k(t)$ 与 U^k 存在差异，在学习阶段可以对连接关系矩阵 W 进行修正，来消除这种差异。可以用下述方法进行修正，不断以某一学习模式 U^k 作为网络的输入向量得到输出 $y^k(t)$，只要 $y^k(t) \neq U^k$，就反复应用。

$$\Delta w_{ij}(t) = \theta(u_i^k - y_i^k(t))u_j^k$$
$$w_{ij}(t+1) = w_{ij}(t) + \Delta w_{ij}(t)$$

$$(2-13)$$

修正连接关系矩阵 W，直至 $y^k(t) = U^k$，其中 $0 < \theta < 1$ 称为学习率。当 $y^k(t) = U^k$ 时，$\Delta w_{ij}(t) = 0$，无需调整。否则，不断调整 $w_{ij}(t+1)$，使 $y_i^k(t)$ 向 U_i^k 靠拢。采用以上方式进行学习，依次将 Hopfield 神经网络中需要记忆的学习模式 $U^k = [u_1^k, u_2^k, \cdots, u_i^k, \cdots, u_n^k]^T$，$k \in \{1, 2, \cdots, m\}$ 输入网络，不断修正连接关系矩阵 W，反复进行使得最终得到的连接关系矩阵 W，对于任意学习模式 U^k，都有 $U^k = \mathrm{Sgn}(wu^k)$，$k \in \{1, 2, \cdots, m\}$，即任意学习模式均成为网络的稳定状态。

3. Hopfield 网络在污损二维码复原中应用

当 Hopfield 网络进行联想记忆时，需要先训练网络，确定网络稳定时的权重，把所要学习记忆的信息保存在网络中。当网络权值确定以后，向网络中输入不完整或者部分错误数据时，网络可以根据记忆，输出完整的信息。

Hopfield 神经网络训练步骤如下：

步骤 1　对准备输入网络的信息进行编码

$$U^k = [u_1^k, u_2^k, \cdots, u_i^k, \cdots, u_n^k]^T; \quad k = 1, 2, \cdots, m$$

步骤 2　设置网络的初始权值，按照 Hopfield 神经网络算法的学习规则，计算网络权值矩阵 W。当 $y^k(t) \neq U^k$ 时，按照公式（2-13）修正，直到 $\Delta w_{ij}(t) = 0$。

步骤 3　将所要学习记忆的样本 $U' = [u_1', u_2', \cdots, u_n']^T$ 定义为初始状态，即 $y_i(0) = u_i'$，当 $t = 0$ 时网络中神经元的状态为 $y_i(0)$。

步骤 4　计算网络的输出 $y_i(t+1) = \mathrm{Sgn}\left[\sum_{j=1}^{N} w_{ij}y_j(t)\right]$，$t = t+1$ 不停地迭代，直至网络趋于稳态，假设网络稳定时的 $t = T$，则网络的输出结果为 $y = y_i(t)$。

（1）实验思路。QR 二维码的版本、种类有很多。由于数据量过大,不便于神经网络实现。为了方便实验的进行,选取版本号为 1,纠错等级为 L 的 QR 二维码作为训练样本(纠错等级 L 水平,7%的字码可被修正)。版本号为 1,纠错等级为 L 的 QR 二维码容量为:数字 41 个,字母数字 25 个,8 位字节数据 17 个,全中文汉字 10 个,全日文汉字 10 个。测试样本均来自训练样本,用画图工具对其进行不同程度的污损。采用 MATLAB 来模拟离散 Hopfield 神经网络对污损 QR 二维码图像进行复原。首先对样本图像进行灰度处理,得到灰度矩阵,通过替换灰度矩阵中的值得到标准的二值矩阵。由所得的标准矩阵按照改进后的学习规则创建神经网络。在网络达到平稳状态时,假设取 10 个训练样本,每个 QR 二维码由 80×80 的黑白图像表示,每张图像 6 400 个像素点,用 1 表示白,0 表示黑。由于标准矩阵较大,在训练时对样本逐列进行训练,根据样本数量共建立 80 个网络。仿真实验中网络的一个神经元代表样本一列 80 个像素点,一个网络包含 10 个神经元(即 10 个稳态),网络对这 10 个稳态具有联想记忆功能。对污损的测试样本进行预处理,得到标准的二值矩阵。将测试样本的二值矩阵输入网络,网络根据稳态得到的权重输出联想记忆向量,从而实现对污损二维码图像的复原。

按照上述设计思路,实验步骤如图 2－13 所示。

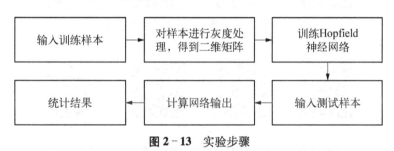

图 2－13　实验步骤

（2）复原结果与分析。网络经过训练后,无法自动识别的二维码图像能被网络正确识别,识别效果较为理想。当位置探测图形和校正图形污损时,通过网络训练后能很好地复原,达到正确识别的目的,如图 2－14 所示。由于训练样本的版本和纠错等级确定后,位置

图 2－14　定位图像污损仿真结果

探测图形和校正图形的位置、数量也随之确定下来,网络训练后不存在偏差,因此实验主要针对数据区。当数据区域污损面积达 12% 时,改进前和改进后网络的训练结果如图 2 - 15、图 2 - 16 所示。

图 2 - 15 改进前数据区污损 12% 仿真结果

图 2 - 16 改进后数据区污损 12% 仿真结果

表 2 - 9 给出了数据区不同污染率的识别情况。

表 2 - 9 不同污染率识别情况

| 污染率(%) | 识 别 结 果 | | | | 识别率(%) | |
| | 正 确 次 数 | | 错 误 次 数 | | | |
	改进前	改进后	改进前	改进后	改进前	改进后
≤7	10	10	0	0	100	100
7~10	10	10	0	0	100	100

污染率(%)	识 别 结 果				识别率(%)	
	正 确 次 数		错 误 次 数			
	改进前	改进后	改进前	改进后	改进前	改进后
10~13	10	10	0	0	100	100
13~15	10	10	0	0	100	100
15~17	7	10	3	0	70	100
17~19	1	10	9	0	10	100
19~21	0	10	10	0	0	100
21~23	0	9	10	1	0	90
23~25	0	2	10	8	0	20
25~27	0	1	10	9	0	10
27~30	0	0	10	10	0	0
30~32	0	0	10	10	0	0
32~34	0	0	10	10	0	0

作者团队改进的 Hopfield 神经网络在学习阶段通过对连接关系矩阵进行修正,弥补了传统 Hopfield 网络学习规则对非正交学习模式无法正确回忆,提高了网络运行效率。仿真使用不同污染率的测试样本验证了改进后的神经网络能够有效地恢复被污损的 QR 二维码图像。算法改进后,污损图像的识别效率有较大的改善。算法改进前,当数据区污损面积大于 15% 的时候,开始出现无法识别的情况。算法改进后,当数据区污损面积小于 21% 的情况下均能正确地识别,且在污损面积小于 23% 的情况下,仍有 90% 的概率正确地识别。直到污损面积大于 23%,恢复后的 QR 二维码图像识别性能较差。实验中,仍存在一些缺点和不足,如对训练样本和测试样本有限制(为了实验方便选取了版本号为 1,纠错等级为 L 的 QR 二维码),且实验中在神经网络结构的设计上还有待进一步改进。因此,还有待提出新的设计方法,进一步提高污损二维的识别率。

2.2　水产品追溯关键环节信息采集与传递技术

2.2.1　无线传感器网络技术

2.2.1.1　国内外研究现状

由于无线传感器网络具有诸多优点,已有不少学者对其进行研究。美国国防部和各军事部门都对传感器网络给予了高度重视,设立了一系列无线传感器网络的军事项目,并提出 C4ISR (Command, Control, Communications, Computers, Intelligence, Surveillance and Reconnaissance)计划,强调战场情报的感知能力和信息利用能力。

学术界对无线传感器网络的关注最早从 1999 年开始,在当年召开的 ACM 移动计算与网络国际年会 MobiCom 上,来自加州大学洛杉矶分校(University of California, Los Angeles, 简称"UCLA")的 Estrin 教授发表的 Next Century Challenges:Scalable Coordination in Sensor Networks 一文,拉开了学术界对无线传感器网络研究的序幕。2002 年,佐治亚理工学院(Georgia Institute of Technology)的 Akyildiz 教授在 Elsevier Computer Networks 上发表了 Wireless Sensor Networks:A Survey 一文,综述了无线传感器网络的研究进展和发展趋势。随后,在国际学术会议 MobiCom、SIGCOMM、MobiHoc、SenSys、IPSN 以及 INFOCOM 上也涌现出一批高水平的学术论文。美国自然科学基金委员会 2003 年制定了传感器网络研究计划,投资 3 400 万美元,资助相关基础理论研究。美国相当多的大学和科研机构都有科研小组在从事无线传感器网络的研究,比较著名的实验室包括加州大学伯克利分校(University of California, Berkeley)的 BWRC 研究中心和 UCLA 大学的嵌入式网络传感中心(Center for Embedded Network Sensing, CENS)实验室。同时,美国 Intel 公司、Microsoft 公司等也纷纷设立或启动相应的无线传感器网络研究与产品计划。加拿大、法国、德国、意大利以及中国台湾地区也对无线传感器网络表现出极大的兴趣,相继开展了该领域的研究工作。

我国在无线传感器网络方面的研究工作起步较晚。从 2003 年开始,国家对该领域的研究十分重视,大力资助各大院校和科研机构开展研究,目前也取得了较快的发展。

刘彪等(2015)分析了无线传感网络中功耗产生的来源,针对不同来源的功耗采用多种手段进行优化,通过切换单片机的工作模式减少待机损耗。高德民等(2012)根据融合数据率权函数,建立以融合数据率与系统吞吐量的关系模型,依靠数据融合率模型和最大生命期数据融合算法,在融合数据率和网络最大生命期之间寻求一种平衡模型,通过采用融合数据率候选采样点样本空间,在算法复杂度较低情况下,解空间收敛到网络全局最优值,最终在达到降低融合数据率的同时,最大化网络生命期。卜范玉等(2015)提出一种基于贝叶斯博弈的无线传感器网能量均衡算法,该算法将每次数据转发过程分解为两个阶段的博弈。第一阶段博弈是指节点结合自身能量水平及参与博弈其他节点的战略,构造静态贝叶斯博弈模型,以最优化期望收益函数的解作为节点参与路由转发数据包的最优决策概率,该算法能够有效地均衡网络的能量消耗,延长网络的生存时间。余跃(2018)改进了通信协议中的帧结构,提出了基于隐马尔可夫模型(Hidden Markov Model, HMM)和非合作博弈的功率控制方法,通过在无线传感网中引入节点能量博弈的方式,平衡节点传输功率,提高能量利用率并延长了网络生命周期。经过实验验证,优化后的无线传感网性能得到了提升。

2.2.1.2 无线传感器网络简介

传感器(英文名称:Sensor)是一种检测装置,能感受到被测量的信息,并能将感受到信息,按一定规律变换成电信号或其他所需形式的信息输出,以满足信息的传输、处理、存储、显示和控制等要求。近年来,微电子技术、计算技术和无线通信等技术的进步推动了低功耗、低成本的多功能传感器的快速发展,使其在微小体积内集成信息感知、数据处理、无线通信以及电源管理等多种功能模块。大量部署在监测区域内的微型传感器节点通过无线通信的方式组成了无线传感器网络 WSN(也称无线传感网,Wireless Sensor Network, WSN)。WSN 是一种多跳的自组织网络系统,其目的是协作感知被监测对象的各类信息,例如温度、湿度、振动、压力以及声音等数据,并发送给观测者。无线传感器网络构成了物理世界与计算世界互通的桥梁,极大地扩展了现有网络的功能和人类认知世界的能力,它被 McGraw-

Hill 公司出版的《BusinessWeek》认为是能对 21 世纪产生重大影响力的技术之一,并被 MIT 出版的《Technology Review》列为十项未来新兴技术的第一位。作为一种低功耗信息获取和协作式信息处理技术,无线传感器网络最早吸引了军事部门的关注,美国国防部高级计划研究署 DARPA(Defense Advanced Research Projects Agency)资助的 DSN(Distributed Sensor Networks)项目率先开展研究,旨在通过隐蔽的方式监视敌方阵地,提高战场侦察能力。后来,无线传感器网络被广泛应用到民用领域如生态环境监测(包括气候、土壤、森林、海洋以及各类生物等)、工业生产监控(公共设施的安全防卫、建筑结构的状态监控、智能交通督察以及物流跟踪管理等)、医疗卫生保健(抢险救援、病人监护以及远程医疗等)以及其他商业应用领域(智能家居、遥控玩具及交互式博物馆等)。如此广泛的应用领域使得无线传感器网络迅速成为计算机与通信领域里的研究热点之一。

2.2.1.3　无线传感器网络的组成与特点

作为无线网络的一种,无线传感器网络的技术研究热点也包括节点定位、目标跟踪、拓扑控制、节点能耗优化、网络安全以及各种网络协议等方面。然而,一些为移动自组织网络 MANET(Mobile Ad-hoc Network)、无线局域网络 WLAN(Wireless Local Area Network)或者电信蜂窝网络(Cellular Network)等传统无线网络设计的协议和算法并不能完全适合无线传感器网络的特点和应用的要求。这是由于传统无线网络的首要设计目标一般是提供高服务质量和高效带宽利用,其次才考虑节约能源降低成本;而无线传感器网络的设计目标则首先是能源的高效利用,这是由成本和功耗的限制所决定的。因此,设计能量有效型的应用技术和网络协议以延长网络的寿命成为无线传感器网络研究领域的关键问题。

1. 传感器节点结构

由于受限于成本及功耗,传感器节点一般被设计成结构简单而且体积微小的嵌入式计算机系统,其最基本的结构包括四个功能单元:供电单元(Power Unit)、处理单元(Processor Unit)、传感单元(Sensor Unit)和射频单元(Radio Unit)。此外,根据不同的应用,节点还可以配备充电模块(Power Charger)、移动装置(Mobilizer)以及为定位而配备的测距装置(Ranging Devices)等选配单元(Optional Unit)。

图 2-17 描述了传感器节点组成结构。其中,处理单元负责控制整个传感器节点的操作,存储和处理本地采集的数据以及其他节点发来的数据。为了降低成本和体积,传感器节点采用的处理器一般能力较弱,存储容量也比较小。传感单元包括传感器和模数转换器(ADC),负责采集监测区域内的信息,可以是温度、亮度、加速度、压力、声音及图像等。射频单元负责与其他节点进行无线数据通信、交换控制消息和收发感知数据。一般来说,射频单元多采用低功耗芯片,往往具有较低的通信带宽和发射功率。供电单元为其他单元提供能

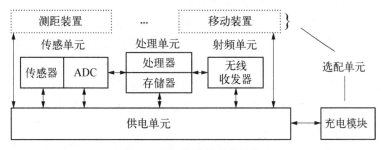

图 2-17　传感器节点结构

量,一般是普通的一次性电池。充电模块可以是太阳能、压电式或振动式充电装置。移动装置负责提供节点移动能力,一般是电动小车或机器人。测距装置负责为定位应用测量距离或方向,可以是 GPS 超声波或天线阵列等设备。

在传感器节点的硬件结构中,供电单元(即电源)是最稀缺的资源。传感器节点体积微小,通常携带能量十分有限的电池。尽管目前已出现配备充电电池的节点,如 Harvard 大学的 Pluto 节点采用的是可充电的锂电池,然而在大部分传感器网络应用中,由于传感器节点个数多成本低廉、分布区域广,而且部署区域环境复杂,有些区域甚至人员难以到达,传感器节点通过更换电池或为电池充电的方式来补充能源仍不现实。近年来,有研究人员研制出使用太阳能电池的传感器节点,如 UCLA 大学的 Heliomote 节点,但限于成本和体积,太阳能电池在现阶段仍难以在传感器网络中大范围推广使用。因此,目前传感器网络广泛采用的是普通碱性电池,例如,Crossbow 公司的 MICAz 系列节点采用的是 2 节 5 号碱性电池,容量一般在 1 600 mAh 左右。

一般来说,传感器节点消耗能量的主要模块包括传感单元、处理单元和射频单元。Curt Schurgers 等人在 2002 年的研究表明,绝大部分能量是消耗在射频单元上,而处理器和传感器的能耗相对较低。射频单元的工作状态一般可以分为发送、接收、空闲和休眠四种状态。在空闲状态时会一直监听无线信道的占用情况,检查是否有数据发送给自己,而在休眠状态则关闭射频收发功能。表 2-10 列出了四种型号的射频单元在各种工作状态下能耗的对比情况。可以直观地发现射频单元在发送状态能量消耗最大;在接收状态和空闲状态,能量消耗比较接近略少于发送状态的能量消耗,而在休眠状态的能量消耗最少。

表 2-10　射频单元在不同状态下的能耗对比

状态 ＼ 型号	AT&T WaveLAN	Cabletron NIC	RFM TR1000	TI CC2420
发送	1 900	1 600	14.88	45
接收	1 500	1 200	12.50	38
空闲	750	1 000	12.36	33
休眠	25	25	0.016	0.03

虽然处理单元与传感单元的能耗在节点所有能耗中只占有较小比例,但仍然不能忽略,根据三个功能单元整体能耗水平,节点的工作状态一般分为以下三种。

(1)活跃状态(On-duty 或 Active):节点的所有功能单元均处于正常工作状态,节点能够执行物理信息感知、消息收发和数据处理等计算任务。

(2)侦听状态(Listening):只有感知单元和处理单元正常工作,而射频单元处于空闲状态,侦听是否有数据发送给自己。节点只能感知物理信息和处理感知数据,但不能与其他节点进行无线通信。

(3)休眠状态(Off-duty 或 Sleeping):节点的所有功能单元均处于关闭状态,既不能感知、处理数据,也不能接收、发送消息。通过定时器或其他触发机制,节点可以从休眠状态中"唤醒",使功能单元进入工作状态。

由于节点在休眠状态的能耗最少,因此,节点通常采用低功耗的工作方式:当没有感知和通信的任务时,节点可以进入休眠状态以节省能耗;同时,节点定时唤醒自己,切换到侦听状态;一旦发现要执行数据任务,则进入活跃状态;否则,重新进入休眠状态。因此,减少不必要的信息感知和数据通信,使得尽可能多的节点工作在休眠状态,是无线传感器网络协议和算法中应用最普遍的能耗控制技术。

2. 无线传感器网络体系结构

无线传感器网络是由分布在监测区域内大量的传感器节点组成的。传感器节点一般是静止不动的,它们通过自组织的方式构成多跳网络。节点感知到的数据经过其他节点逐跳(路由)到汇聚节点(Sink Node),最后通过传统网络(以太网、互联网或卫星网)传到观测者(Observer);观测者通过中央监测节点(Centeral Monitoring Node)对无线传感器网络进行配置和管理,发布监测任务,收集感知数据以及实施联动操作。图 2－18 给出了无线传感器网络的一般体系结构。

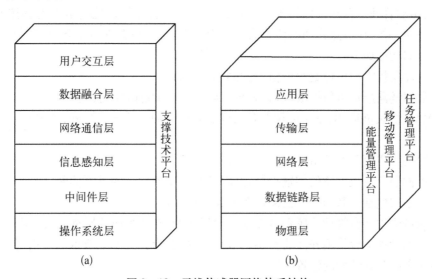

图 2－18　无线传感器网络体系结构

在传感器网络中,汇聚节点的处理能力和通信能力相对较强,具有足够的能量供给和计算资源,它可以看作是传感器网络与传统网络的网关,实现两种通信协议栈之间的协议转换。相比于汇聚节点,传感器节点的计算能力和通信能力十分有限,且依赖于电池供电。每个节点通常扮演消息终端和消息转发两种角色,除了进行本地信息收集和数据处理以外,还要对其他节点转发来的数据进行存储、路由以及融合等处理。

无线传感器网络是面向具体应用目标的网络。一般来说,根据不同的应用目标,网络的功能结构也不尽相同,但可以抽象划分为 6 个功能层次:操作系统层(Operating System Tier)、中间件层(Middleware Tier)、信息感知层(Sensing Tier)、网络通信层(Communication Tier)、数据融合层(Data Fusion Tier)和用户交互层(User Interaction Tier)。另外,还有支撑技术平台(Infrastructure Plane)贯穿于所有 6 个功能层。整个网络功能层结构如图 2－18(a)所示。

无线传感器网络的操作系统主要目的是为上层软件(含中间件)屏蔽硬件资源,提供透明的资源配置、事件响应、任务调度以及重构的能力,从而高效利用节点资源,简化开发的难度和成本。中间件是位于操作系统和应用软件之间的软件系统,提供直接的数据管理、任务分配和资源共享功能,提高系统开发的灵活性和简易性。信息感知层负责收集由各种传感器感知到的被监测对象的物理信息。网络通信层通过数据转发、路由等协议将多个传感器采集的数据发送到汇聚节点。数据融合层利用信号处理、数据管理以及数据挖掘等技术将多份数据组合出更有效、更符合用户需求的数据,数据融合层的一些技术也延伸到网络通信层,二者相辅相成。用户交互层则为网络观测者提供人机交互接口,发布监测任务,显示监测结果。支撑技术平台为无线传感器网络及其应用系统提供其他必需的功能,包括节点定位、拓扑控制、时间同步以及网络安全等。它为各个功能层提供支撑性服务,并使其按照高效节能的方式协同工作。

网络通信层还可以进一步划分为五层协议栈,包括物理层(Physical Layer)、数据链路层(Data Link Layer)、网络层(Network Layer)、传输层(Transport Layer)和应用层(Application Layer),如图 2-18(b)所示,与互联网协议栈的五层协议相对应。另外,协议栈还包括能量管理平台、移动管理平台和任务管理平台。这些管理平台使得传感器节点能够按照能源高效的方式协同工作,在节点移动的传感器网络中转发数据,并支持多任务和资源共享。各层协议和平台的功能如下:

(1)物理层提供简单但健壮的信号调制和无线收发。

(2)数据链路层负责数据成帧、帧检测、媒体访问和差错控制,其中的媒体访问和差错控制,由 MAC 协议负责,除建立可靠点对点或点对多点的通信链路之外,还要减少无效能量损耗。

(3)网络层主要负责路由生成与路由选择。

(4)传输层负责数据流的传输控制,是保证通信服务质量的重要部分。

(5)应用层包括一系列基于监测任务的应用层软件。

(6)能量管理平台管理传感器节点如何使用能源,在各个协议层都需要考虑节省能量。

(7)移动管理平台检测并注册传感器节点的移动,维护到汇聚节点的路由,使得传感器节点能够动态跟踪其邻居的位置。

(8)任务管理平台在一个给定的区域内平衡和调度监测任务。

2.2.2 ZigBee 通信技术

2.2.2.1 国内外研究现状

国外对 ZigBee 技术的研究起步较早,研究也较成熟。为了推动 ZigBee 技术的发展,Chipcon、Mistubishi、Ember、Freescale、Honeywell、Motorala、Philips 和 Samsung 等公司于 2002 年 8 月共同成立了 ZigBee 联盟,如今已经吸引了上百家芯片公司、无线节点公司和开发商的加入,包括有许多 IC 设计、家电、通信节点、ADDR 服务提供、玩具等厂商。目前该联盟已经包含了 150 多家会员,并且还有许多厂商已将 ZigBee 纳入产品中。

国内 ZigBee 的研究起步较晚,早期未见成熟的自主研制的 ZigBee 产品,只有一些研究性和简单应用的文章出现于期刊上,市场主要以国外产品为主。随着无线技术越来越受到关注,国内科研院校和公司逐渐开展无线组网和无线技术应用研究及相关产品研发,特别是与我们日常生活息息相关的近距离无线组网技术的研究和应用。例如中科院计算所宁波分所专门从事无线技术研究,主要侧重于无线网络化智能传感器的研发,计算所自行开发了低功耗的 CPU、多点网络动态组网拓扑协议、网络节点管理软件、无线网络化智能传感器操作系统。成都西谷曙光数字技术有限公司是国内较早将 ZigBee 技术开发成产品,并成功应用于解决实际问题的公司。目前国内也出现了一些相关的产品,例如瑞瀛物联公司在 2017 年发布了一款国内最小的 ZigBee 模块,有效解决产品在智能升级过程中智能模块的安装体积过大问题,且性能达到同比最优。

2.2.2.2　ZigBee 通信技术简介

ZigBee 是一种新兴的近距离、低速率无线通信技术,它是 ZigBee 联盟所主导的无线传感器网络技术标准。ZigBee 这个名字来源于蜂群的通信方式,蜜蜂之间通过跳 ZigZag 形状的舞蹈来交换信息,以便共享食物源的方向、位置和距离等信息。

ZigBee 的主要特点有以下几点。

（1）低功耗。在低耗电待机模式下,2 节 5 号干电池可支持 1 个结点工作 6~26 个月甚至更长时间,这是 ZigBee 的突出优势。

（2）低成本。通过大幅简化协议,降低了对通信控制器的要求,而且 ZigBee 免协议专利费。

（3）低速率。ZigBee 工作在 20~250 kbit/s 的较低速率,提供 250 kbit/s(2.4 GHz)、40 kbit/s(915 MHz)和 20 kbit/s(868 MHz)的原始数据吞吐率,满足低速率传输数据应用需求。

（4）近距离：传输范围一般介于 10~100 m 之间,在增加射频(RF)发射功率后,也可以增加到 1~3 km。这里传输距离指的是相邻结点间的距离,通过多跳中继方式传输距离可以更远。

（5）短时延。ZigBee 的响应速度较快,一般从睡眠转入到工作状态只需要 15 ms,结点连接进入网络只需要 30 ms,进一步节省了电能。相比之下,蓝牙需要 3~10 s,Wi-Fi 需要 3 s。

（6）大容量。ZigBee 可采用星形、树形和网状网络结构,由一个主结点管理若干子结点,最多一个主结点可管理 254 个子结点;同时主结点还可以由上一层网络结点管理,可组成多达 65 535 个结点的大网。

（7）高度安全性。ZigBee 提供了三级安全模式,包括无安全设定、使用接入控制列表(Access Control List, ACL)防止非法获取数据以及采用高级加密标准(AES128)的对称加密算法。

（8）免执照频段。工作在无需许可证或费用的 ISM(Industrial Scientific Medical)频段,采用直接序列扩频 DSSS(Direct Sequence Spread Spectrum)技术。

2.2.2.3　ZigBee 协议栈

ZigBee 协议的标准化组织包括 IEEE 802.15 的 TG4 工作组和 ZigBee 联盟。IEEE 802.15 TG4 工作组成立于 2000 年 12 月。IEEE 802.15 TG4 工作组制定的 IEEE 802.15.4 标准仅处理 MAC 层和物理层协议,而由 ZigBee 联盟所主导的 ZigBee 标准,定义了网络层、安全层、应用层等高层协议。ZigBee 的协议栈如图 2-19 所示。

（1）物理层。IEEE 802.15.4-2006 标准定义的物理层提供了两种服务:物理层数据服务(PHY Data Service)和物理层管理服务(PHY Management Service)。物理层数据服务负责通过无线信道发送(或接收)物理层协议数据单元;物理层管理服务则负责物理层的管理功能,如设置射频模块状态、信道能量检测、空闲信道评估等。

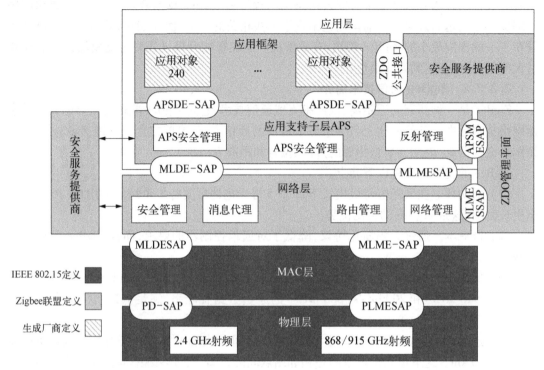

图 2 - 19 ZigBee 协议栈

（2）数据链路层。IEEE 802.15.4 - 2006 的 MAC 层采用了 CSMA/CA 协议来完成无线信道的接入控制，包括竞争（Contention Based）机制和无竞争（Contention Free）机制。MAC层也提供两种服务：MAC 数据服务（MAC Data Service）和 MAC 管理服务（MAC Management Service）。MAC 数据服务完成向（或从）物理层发送（或接收）MAC 层协议数据单元。MAC层包含 MAC 层管理实体（MAC Layer Management Entity，MLME），MLME 维护一个 MAC 层的管理信息数据库，提供了 MAC 层的管理服务功能。完成 MAC 管理服务可能需要使用MAC 数据服务。在高层协议控制下，MAC 层也可以提供数据保密、认证以及重放攻击保护服务。

（3）网络层。ZigBee 的网络层建立在 IEEE 802.15.4 标准的 MAC 层之上，需要保证IEEE 802.15.4 MAC 层能正常工作，同时也需要向应用层提供合适的服务。为了向应用层提供服务，网络层包含两个服务实体：网络层数据服务实体 NLDE（Network Layer Data Entity）和网络层管理服务实体 NLME（Network Layer Management Entity）。NLDE 提供在两个或多个应用程序间传输数据的服务，而 NLME 维护一个网络层管理信息数据库，给应用程序提供管理网络的服务，如建立新网络、设备加入或离开网络、邻居发现、路由发现、设备配置等。NLME 在完成某些管理功能时需要使用 NLDE 服务。

（4）应用层。ZigBee 应用层包括应用支持子层 APS（APplication Support sub-layer）、ZigBee 设备对象 ZDO（ZigBee Device Objects）和应用框架 AF（Application Framework）。

应用支持子层 APS 定义了 APS 数据实体 APSDE（APS Data Entity）和 APS 管理实体APSME（APS Management Entity），并通过一组公用服务提供网络层和应用层之间的接口。APSDE 完成同一个网络中不同应用程序之间的传输数据；APSME 维护一个管理信息数据库,给应用程序提供了一组管理服务,如安全服务、绑定服务等。

应用框架 AF 是用户自定义程序在 ZigBee 设备上的驻留环境。一个 ZigBee 设备上最多可以容纳 240 个用户定义程序,分别用端点地址(Endpoint Address)1～240 标识。端点地址 0 是 ZDO 的接口,255 是广播数据接口,241～254 是保留地址。

ZigBee 设备对象 ZDO 是一组用于用户应用程序、设备配置文件和应用支持子层 APS 之间的接口,通过端点地址 0 与应用支持子层 APS 和网络层交换数据和控制消息。

2.2.2.4　ZigBee 网络拓扑

IEEE 802.15.4 - 2006 标准中定义了两种 ZigBee 无线设备: 全功能设备 FFD(Full Function Device)和精简功能设备 RFD(Reduced Function Device)。FFD 具备控制器的功能,可与其他 FFD 或 RFD 通信,在网络中可充当网络协调器、路由器或终端设备;RFD 只能与 FFD 通信,在网络中用作终端设备。RFD 通常只完成很简单的功能,例如在无线传感网中,它只负责将采集的数据信息发送给连接的 FFD,而自身不具备数据转发、路由发现和路由维护等功能,实现简单、成本低。

IEEE 802.15.4 - 2006 标准支持星形拓扑(Star Topology)和对等拓扑(Peer-To-Peer Topology)两种类型的网络结构,如图 2 - 20 所示。

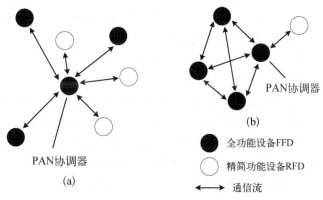

图 2 - 20　ZigBee 网络拓扑结构
(a)星形拓扑　(b)对等拓扑

在星形拓扑中,一个 FFD 设备充当控制结点,称为个域网络协调器(PAN Coordinator),其他设备(FFD 或 RFD)都与网络协调器进行通信。网络协调器作为整个网络的主控结点,负责发起网络的建立、设定网络参数、管理网络中的结点以及存储、转发其他网络中结点的数据等。星形网络拓扑的最大优点是结构简单,缺点是灵活性差,其他设备需要放置在中心结点的通信范围内,因而限制了无线网络的覆盖范围,并且数据集中涌向中心结点,容易造成阻塞、丢包、性能下降等问题。

对等拓扑中,处于通信范围内的所有 FFD 设备能够直接通信,可以形成更为复杂的网络,如网状网(Mesh Network)。对等网络具有自组织、自愈功能,不在通信范围内的 FFD 设备可以通过多跳方式完成通信。FFD 还具有路由发现、维护和数据转发等功能。对等拓扑网络的覆盖范围广,一个 ZigBee 网络最多可以容纳 65 535 个结点。对等拓扑中也需要一个网络协调器,主要负责网络管理。

2.2.3 数据压缩技术

2.2.3.1 国内外研究现状

关于数据压缩的研究主要分为两大部分,一部分是基于压缩感知的压缩方法,另一部分则是通过消除数据内和数据间的冗余来达到数据压缩目的。

李鹏等(2016)提出了数据收集压缩方案,其原理是基于压缩感知。该方案分为两个步骤:数据去冗余和收集路径的优化。通过该方案能够以高精确度低能耗收集信息。张娜(2016)提出一种基于遗传算法的压缩感知重构方法,该方法能够提高数据重构精度,降低数据冗余,延长网络生命周期。翟双等(2016)基于数据的相关性和冗余性提出了一种两步数据压缩算法。第一步主要是消除数据间的相关性,第二步则是消除数据内部的相关性。王雷春等(2010)提出了一种基于一元线性回归模型的空时数据压缩算法 ODLRST,该算法通过拟合一元线性方程来消除时间冗余数据。

2.2.3.2 时间序列

时间序列其实是具有同一属性的数列,数列的排列方式是根据数据产生的时间先后顺序来进行排列的。非稳定性和波动幅度的不确定性是时间序列所具有的特性。非稳定性指的是序列无法以一个固定的趋势长期变化;波动幅度的不确定性指的是变量的方差不会随着时间变化而保持不变,而是处于一个不断变化的过程。时间序列的这两个特性使得对时间序列的分析工作难以一种固定方式开展。

时间序列分析是针对数据随时间变化而调整处理方式的统计方法。该方法以随机过程和数理统计为基础,推断序列随时间变化时可能出现的规律,它的基本原理在于:一是承认事物发展的延续性,通过对过去数据的分析,从而预测未来将要产生的数据;二是考虑到事物发展的随机性,任何事物在发展过程中都会受到各种意外因素的影响,因此采用加权平均法来对历史数据进行统计分析和处理。该方法简单易懂,但准确性差,一般仅适用于短期预测。时间序列预测拥有趋势性、周期性、不确定性三种特性。

时间序列分析是基于曲线拟合和参数估计理论来拟合时间序列数据。通过拟合出来的曲线对其进行趋势分析。

WSN 中采集的数据具有非稳定性、波动幅度变化不确定的特性,因此这些数据组成的序列也可称作时间序列。WSN 收集到的数据构成的时间序列可作如下定义。

定义 2.1 传感器网络中的时间序列是指采集节点按时间顺序、具有一定间隔采样的一系列数据,记为

$$D = ((t_1, d_1), (t_2, d_2), \cdots, (t_n, d_n)) \qquad (2-14)$$

其中 (t_i, d_i) 表示在时间 t_i 时刻时间序列的值为 d_i,n 为时间序列长度,即该类型数据的个数。在不引起混淆的情况下,可以简化表示为

$$D = (d_1, d_2, \cdots, d_n) \qquad (2-15)$$

为方便后续计算,该处做 $D = D^T$ 变换,得

$$D = (d_1, d_2, \cdots, d_n)^T \qquad (2-16)$$

根据同一个节点获取的多种类型数据序列,可将其表示成数据矩阵。

定义 2.2　WSN 中一个节点 SN 获取的 M 种属性数据的序列,分别用 D_1,D_2,$\cdots$,D_M 来表示。一个序列代表一种属性的数据,它的长度是 n,即 $D_I = (d_{i1}, d_{i2}, \cdots, d_{in})^{\mathrm{T}}$,其中 d_{ij} 表示在 j 时刻节点从传感器获取的第 i 种类型数据的值。则可用矩阵 SD 表示这个传感器节点 SN 采集到的数据,即为

$$\mathrm{SD} = [D_1 D_2 \cdots D_M] = \begin{bmatrix} d_{11} & d_{21} & \cdots & d_{M1} \\ d_{12} & d_{22} & \cdots & d_{M2} \\ \vdots & \vdots & \ddots & \vdots \\ d_{1n} & d_{2n} & \cdots & d_{Mn} \end{bmatrix} \tag{2-17}$$

时间序列在传感器网络中可以抽象成这样一个函数:采样时间 t 为自变量,采样数据 d 的值为因变量所构成的一个函数。当采样数据 d 变化趋势趋近一条直线段时,则可用这条直线近似表示该数据。当序列拟合方式是通过回归模型方法计算出来的时候,这条序列拟合回归线称为时间序列的拟合回归线,如图 2-21 所示。

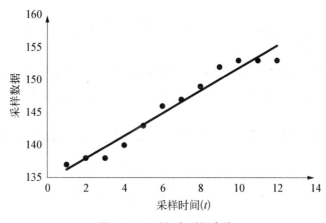

图 2-21　时间序列拟合线

将时间 t 视为回归函数的自变量,则有

$$d = a_0 + a_1 t + \varepsilon, \varepsilon \in N(0, \sigma^2) \tag{2-18}$$

其中 $N(0, \sigma^2)$ 表示标准正态分布。

2.2.3.3　最小二乘法

离散点拟合曲线的方法有很多种,应用最为广泛的是最小二乘法。

利用最小二乘法对式(2-18)中的参数 a_0,a_1 进行估计,可得 a_0,a_1 的估计值 $\hat{a}_0$,$\hat{a}_1$ 分别为

$$\hat{a}_1 = \frac{\sum\limits_{i=1}^{n} (t_i - \bar{t})(d_i - \bar{d})}{\sum\limits_{i=1}^{n} (t_i - \bar{t})^2} \tag{2-19}$$

其中

$$\bar{t} = \frac{1}{n} \sum_{i=1}^{n} t_i$$

$$\bar{d} = \frac{1}{n} \sum_{i=1}^{n} d_i$$

$$\hat{a}_0 = \frac{1}{n} \sum_{i=1}^{n} d_i - \left(\frac{1}{n} \sum_{i=1}^{n} t_i \right) \hat{a}_1 \tag{2-20}$$

则可得到式(2-18)的回归方程为

$$\hat{d} = \hat{a}_0 + \hat{a}_1 t \tag{2-21}$$

2.2.3.4 互相关序列

对于模型 $Y_i = \beta_0 + \beta_1 X_{1i} + \cdots + \beta_k X_{ki} + \mu_i$ $(i = 1, 2, \cdots, n)$ 中随机序列互不相关的基本假设表现为：$\mathrm{Cov}(\mu_i, \mu_j) = 0$ $(i \neq j, i, j = 1, 2, \cdots, n)$。其中 $\mathrm{Cov}(\mu_i, \mu_j)$ 代表 Y_i 与 Y_j 之间的协方差。

当不同样本点误差项之间的关系不再是不相关，即 $\mathrm{Cov}(\mu_i, \mu_j) \neq 0$，则认为 Y_i 与 Y_j 之间存在序列的互相关性。

传感器采集的不同属性数据之间或多或少存在着一些相关关系，其随时间的变化趋势也可能相近或相反。为了进行后文中序列间互相关关系的判断，此处给出相关度的定义。

定义 2.3 $D_1 D_2$ 为两个不同类型的数据向量,则 D_1 和 D_2 的相关系数(相关度)为

$$\mathrm{corr}(D_1, D_2) = \frac{\mathrm{Cov}(D_1, D_2)}{\sqrt{\mathrm{Var}\mid D_1 \mid \mathrm{Var}\mid D_2 \mid}} \tag{2-22}$$

其中 $\mathrm{Cov}(D_1, D_2) = \sum_{i=1}^{n} (d_{1i} - \bar{D}_1)(d_{2i} - \bar{D}_2)$, $\mathrm{Var}(D_1) = \sum_{i=1}^{n} (d_{1i} - \bar{D}_1)^2$, $\mathrm{Var}(D_2) = \sum_{i=1}^{n} (d_{2i} - \bar{D}_2)^2$, $\bar{D}_1 = \frac{1}{n} \sum_{i=1}^{n} d_{1i}$, $\bar{D}_2 = \frac{1}{n} \sum_{i=1}^{n} d_{2i}$。

定义 2.4 D_1, D_2 为两个不同类型的数据向量,对于给定的正数 ε,如果有 $\mid \mathrm{corr}(D_1, D_2) \mid \geqslant \varepsilon$,则称 D_1 和 D_2 是 ε-强相关,否则是 ε-弱相关。

为了书写方便,用 ρ_{XY} 来表示向量 X 和 Y 之间的相关系数的绝对值,即: $\rho_{XY} = \mid \mathrm{corr}(X, Y) \mid$。

2.2.3.5 基于互相关序列的数据压缩算法

基于感知的数据采集方法表明,降低通信能耗是延长系统生命周期的一个充分条件。传感器网络中节点的能量是有限的,根据统计,80%的能源消耗由传感器的 RF 收发器产生。因此,使用节点计算能力来压缩感知数据,减少射频模块的工作量能够使得传感器网络生存时间增长。针对基于互相关序列的数据压缩算法中簇首节点的压缩算法会使得压缩前后数据偏差过大的问题,本书第四章4.2节介绍了改进算法,并通过实验证明改进算法能够降低数据压缩后的失真程度。

2.3 水质参数预测方法

2.3.1 国内外研究现状

近年来对溶解氧、氨氮等水质参数的预测主要集中在检测污水处理效果、评估自然水体污染程度和监测水产养殖水质变化三个方面。主要方法有时间序列法、支持向量机和人工神经网络等。由于在不同的水环境中,水质参数的变化受到多种因素的影响,时间序列法只考虑了预测变量与自身变化之间的关系,缺乏对相关因子的考虑,不适合复杂环境的水质参数预测。居锦武(2016)使用最小二乘支持向量机建立了养殖水体的氨氮预测模型;刘双印等(2012)使用基于时间相似数据的支持向量机对水产养殖中的溶解氧进行了在线预测。但支持向量机法存在着算法复杂程度高、最佳训练参数确定困难和易陷入局部最优解的问题。由于神经网络具有自学习、自组织及并行处理非线性数据的能力,能够挖掘数据背后的很难用数学式描述的非线性特征,弥补了传统时间序列模型的不足,从而被广泛应用于水产养殖水质参数的预测问题。

2.3.2 溶解氧预测方法

2.3.2.1 溶解氧的重要性

1. 溶解氧的基本概念

溶解氧(Dissolved Oxygen, DO)即为溶解于水里的氧分子,通过每升水中含有多少毫克的氧气来表征。溶解氧与水温、pH 值等多种水质因子都有十分密切的联系。一般说来,水体中溶解氧的浓度主要受水温的影响。溶解氧可以有效地衡量出水体吸收、转化、再分解物质及有害物质的能力,它会客观地反映出水体受污染的程度,从而使得监测部门可以对水体进行更好的评价。溶解氧可以评估水体自然净化的能力,在水体中的溶解氧减少的情况下,某些水体可以快速恢复,其他水体则不然,归因于各个水体自然净化的能力。水产养殖水域生物的生存离不开溶解氧,并且溶解氧可以使得有机物进行氧化分解,因此,溶解氧是水产养殖十分重要的水质参数。

2. 溶解氧对水产养殖的影响

在水产养殖中,鱼类的生存环境与溶解氧的浓度密切相关。一方面,溶解氧的浓度对鱼类的存活有着举足轻重的作用,有资料表明,如果水体中溶解氧的浓度小于 5 mg/L 时,这种情况将会阻碍水生物对食物的消化吸收,若水体中溶解氧浓度不断地下降,严重时会造成鱼类的缺氧死亡现象。另一方面,鱼类的进食量也和溶解氧的浓度相辅相成。在固定温度下,溶氧量为 4.1 mg/L 以下时,鲤鱼的进食率下降,但是如果溶解氧浓度上升时,其鲤鱼的进食率反弹呈上升趋势。但是并不是溶解氧的浓度越高,这种情况就更加有利于水生物的生长,如果水体中溶解氧浓度饱和,一旦溶解氧浓度继续增加,这时就会出现鱼类气泡病等情况。所以,在水产养殖领域里,特别是受人为干扰比较大的池塘工厂化养殖中,应该对溶解氧进行有效的分析和预测,使得养殖水体中的溶解氧浓度限定在一个较合理的范围。

溶解氧不仅维系着水生物的生长,对于水中的有机物含量也有十分重要的影响。一旦水体中有机物的浓度增加,很容易导致水体富营养化的发生,这时水生物的生长将会遭到严重的影响。水体富营养化即由于人类行为干涉,水体中的营养物质大幅度地增加,使得浮游生物和某些藻类发生爆发性的增殖,它们与鱼类争夺氧气,造成鱼类死亡的现象。所以,控制水体中氮和磷等有机物的浓度显得尤为重要。其中,溶解氧是影响氮、磷等有机物的重要原因之一,有大量的学者对此进行过实验的验证。龚春生等(2006)将不同溶解氧浓度下底泥与水界面的磷交换的情况进行数据收集,通过分析得出溶解氧的浓度与底泥磷的释放呈反比,这种现象的产生源于溶解氧浓度升高使得好氧生物增多,其聚集的好氧层也相应地变厚,使得底泥磷的释放阻力不断地加大。王锦旗等(2014)通过对不同流速条件下水体经过45°阶梯式溢流堰坝体后水体营养盐及有机污染物指标的定期监测和分析,将溶解氧与氨氮含量的采集数据使用回归分析探究其相互关系,研究显示,水体中氨氮浓度增加,溶解氧的浓度相应降低。

从上可以看出,溶解氧对于水产养殖来说十分重要,它对养殖生物的生长和水环境的健康发展均有关键的影响,低氧或严重缺氧的胁迫环境不仅制约养殖生物的生长甚至造成大面积死亡,给用户造成巨大损失,严重影响水产养殖业的健康可持续发展。因此,构建高效精准的溶解氧预测模型显得尤为重要。

溶解氧易受水质、养殖密度等诸多因素影响,具有非线性、大时滞和模糊不确定性等特点。因而,探索适宜的水产养殖溶解氧预测方法对实现养殖水体溶解氧的精准预测以及确保水产动物的健康生长具有重要的理论意义和实用价值。

2.3.2.2 RBF 神经网络预测模型

1. RBF 神经网络简介

Broomhead 和 Lowe(1988)最早将径向基函数(Radical Basis Function,RBF)应用于神经网络设计之中,初步探讨了 RBF 用于神经网络设计与应用于传统插值领域的不同特点,进而提出了一种三层结构的 RBF 神经网络。Moody 和 Darken(1989)提出了一种具有局部响应特性的神经网络,这种网络实际上与 Broomhead 和 Lowe 提出的 RBF 神经网络是一致的,他们还提出了 RBF 神经网络的训练算法。针对上述 RBF 神经网络存在的问题与不足,其他学者也提出了改进算法,比如 Chen 等(1991)提出了正交最小二乘法(Orthogonal Least Squares,OLS),该算法容易实现,能在线调整权值的同时确定隐层节点数,在实际中得到了较多的应用;S. Lee 等(1991)提出了 HSOL(hierarchically self-organizing learning)算法。

与其他的前馈神经网络相比,RBF 神经网络具有良好的全局逼近性能,若 RBF 神经网络的隐层神经元足够多,它可以在一个紧集上一致逼近任何连续函数。RBF 神经网络以径向基函数作为隐层单元的基,构成隐含层空间,隐含层对输入矢量进行变换,将低维的模式输入数据变换到高维空间内,使得在低维空间内的线性不可分问题在高维空间内线性可分。RBF 神经网络由于其结构简单、收敛速度快、逼近精度高、网络规模小等特点,并且不会存在局部极小值现象,已被广泛地应用于函数逼近和模式分类等问题。

2. RBF 神经网络模型

RBF 神经网络是一种含输入层、单隐含层和输出层的三层前馈神经网络,L 维输出 RBF 神经网络的拓扑结构如图 2-22 所示。第一层为输入层,由网络与外部环境连接起来的信号神经元组成,输入向量为 $x = (x_1, x_2, \cdots, x_N)^T \in R^N$,输入向量不做任何运算直接送入隐含层的各神经元;第二层为隐含层,其作用是将输入层获取的信号进行非线性变换,包含 M

个神经元, φ_i 表示隐含层神经元 i 的激活函数;第三层为输出层,网络输出为 $y = (y_1, \cdots, y_L)^T$,是对输入模式做出的响应,该层的输出实际为隐层各个神经元输出的线性加权和,隐含层第 i 个神经元与输出层之间的连接权值向量为 $w_i = (w_{i1}, w_{i2}, \cdots, w_{iL})^T \in R^L$, $i = 1, 2, \cdots, M$。

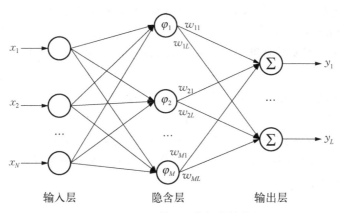

图 2-22　RBF 神经网络拓扑结构图

径向基函数神经网络最突出的特点是网络隐含层神经元的激活函数为径向基函数。径向基函数是一种局部分布的对中心点径向对称衰减的非负非线性函数,在中心点具有峰值,幅值随半径增大而衰减。径向基函数的形式有很多种,常用的径向基函数有高斯函数(如果采用高斯函数则图中的 $\varphi_i(i = 1, \cdots, M)$ 为公式(2-23)所示)、反演 Sigmoid 函数和逆多二次函数等。

$$\varphi_i(x) = \exp\left(-\frac{\parallel x - \mu_i \parallel^2}{2\sigma_i^2}\right) \qquad (2-23)$$

需要学习的参数均在式(2-22)中 μ_i 称为中心, σ_i 称为扩展常数。由于 RBF 网集中在隐含层,不像 BP 神经网需要的输入层数值也需要学习,因此运算相对简单。

3. RBF 神经网络训练

RBF 神经网络训练主要确定或获取以下参数: ① 网络的结构设计,即确定网络的隐含层神经元个数 M; ② 确定网络的参数,包括径向基函数的数据中心和扩展常数; ③ 求解网络的输出层权值。上述参数的确定或获取方法如下。

1) 中心的确定

(1) 固定法。当隐层节点数和训练数据的数目相等时,每一个训练数据就充当这一隐层节点的中心。

(2) 随机固定法。当隐层节点数小于训练数据的数目时,隐层节点的中心可以从输入数据中随机选取,选取后中心固定不再更新。

(3) Kohonen 中心选择法。从 n 个模式中选择 k 个模式作为隐层节点的中心向量的初始值,并对中心向量归一化。然后依次计算每个训练模式和每个中心向量的内积,将内积最大的中心确定为与当前训练模式距离最近的中心。

(4) K-Means 聚类中心选择法。从训练数据中挑选 k 个作为初始中心,其他训练数据分配到与之距离最近的类中,然后重新计算各类的训练数据的平均值作为 RBF 的中心。

2)扩展常数的确定

(1)固定法。当数据中心确定后,RBF 的宽度可由 $\sigma_i = \dfrac{d}{\sqrt{2M}}$ 确定,其中 d 是所选输入向量 x 之间的最大距离,M 为数据的个数。固定法是一旦确定后,不再改变的。当学习向量个数确定时,这种方法可以采用,但是如果采用动态学习办法,这种方法则不宜采用。

(2)其他方法。RBF 的宽度估计是 $\delta_i = \alpha(\max\limits_j \| \mu_i - \mu_j \|)$,其中 α 是介于 1.0 和 1.5 之间的一个常数。

(3)扩展常数的确定也可以采用下面的梯度下降法。

3)梯度下降法

梯度下降法是最优搜索中最基本的方法,它基本出发点是寻优。RBF 神经网络中的中心,扩展常数和权重均可采用梯度下降法计算确定,具体计算过程如下。

定义目标函数为:

$$E = \frac{1}{2}\sum_{k=1}^{P} e_k^2 \qquad (2-24)$$

其中 e_k 为输入 k 个样本时的误差 $e_k = (y_k - d_k)$,这里的 y_k 是输入向量为 x_k 时的输出、d_k 是对应于 x_k 的真实(或教准)信号,计算如式(2-25)所示,

$$y_k = \begin{pmatrix} \sum\limits_j w_{j1}\varphi_1\left(\dfrac{\| x_k - \mu_1 \|^2}{\sigma_1^2}\right) \\ \sum\limits_j w_{j2}\varphi_2\left(\dfrac{\| x_k - \mu_2 \|^2}{\sigma_2^2}\right) \\ \vdots \\ \sum\limits_j w_{jL}\varphi_L\left(\dfrac{\| x_k - \mu_L \|}{\sigma_L^2}\right) \end{pmatrix} \qquad (2-25)$$

其中 $x_k^{(i)}$ 是输入 x_k 的第 i 个分量,即 $x_k = \begin{pmatrix} x_k^{(1)} N \\ \vdots \\ x_k^1 \end{pmatrix}$。

为使目标函数最小化,各参数的修正量应与其负梯度成正比,即:

$$\Delta\mu_i = -\eta\frac{\partial E}{\partial c_j} \qquad (2-26)$$

$$\Delta\sigma_i = -\eta\frac{\partial E}{\partial \delta_j} \qquad (2-27)$$

$$\Delta w_j = -\eta\frac{\partial E}{\partial w_j} \qquad (2-28)$$

其中，η 表示学习率。

具体计算公式如（2-29）至（2-31）。

$$\Delta c_j = \eta \frac{w_j}{\delta_j^2} \sum_{i=1}^{P} e_i \varphi(\parallel x^{(p)} - c_j \parallel)(x^{(p)} - c_j) \tag{2-29}$$

$$\Delta \delta_j = \eta \frac{w_j}{\delta_j^3} \sum_{i=1}^{P} e_i \varphi(\parallel x^{(p)} - c_j \parallel) \parallel x^{(p)} - c_j \parallel^2 \tag{2-30}$$

$$\Delta w_j = \eta \sum_{i=1}^{P} e_i \varphi(\parallel x^{(p)} - c_j \parallel) \tag{2-31}$$

4. RBF 神经网络的溶解氧预测

RBF 神经网络是一种高效的前馈式神经网络，强大的非线性问题处理能力及其泛化性能使得其在溶解氧预测中具有广阔的应用前景。袁红春、潘金晶（2016）通过改进型递归最小二乘算法判断神经网络估计误差和逼近误差之间的大小关系，决定相关的连接权值的修改，提高了 RBF 神经网络的预测精度。本书第五章将介绍改进型递归最小二乘算法与 RBF 神经网络相结合，对溶解氧进行预测，并通过实验验证该方法在溶解氧预测方面的有效性。

2.3.2.3　ARIMA-DBN 预测模型

1. ARIMA 时间序列模型

ARIMA（Autoregressive Integrated Moving Average）模型是由博克思（Box）和詹金斯（Jenkins）于 20 世纪 70 年代初提出的一种时间序列预测方法。它利用差分法将非平稳时间序列转化为平稳时间序列，再将因变量仅对它的滞后值以及随机误差项的现值和滞后值进行回归所建立的模型。模型具有简单，且只需要内生变量而不需要借助其他外生变量的优点，但模型的缺点是要求时序数据是稳定的，或者通过差分化之后是稳定的。ARIMA 模型本质上只能捕捉线性关系，不能捕捉非线性关系。

ARIMA 模型的建模过程如图 2-23 所示。

在图 2-23 中，自相关函数（Auto Correlation Function，ACF）是将有序的随机变量序列与其自身相比较，它反映了同一序列在不同时序的取值之间的相关性。偏自相关函数（Partial Auto Correlation Function，PACF）计算的是严格的两个变量之间的相关性，是剔除了中间变量的干扰之后所得到的两个变量之间的相关程度。根据自相关图和偏自相关图的拖尾或者截尾情况，可判断序列的平稳性，并确定模型类型。

ARIMA 模型根据原序列是否平稳以及回归中所含部分的不同，包括自回归过程（Auto-Regressive，AR）、移动平均过程（Moving Average，MA）、自回归移动平均过程（Auto-Regressive and Moving Average Model，ARMA）以及差分自回归移动平均过程（ARIMA）。

自回归过程是建立当前值与历史值之间的关系的模型，是一种用变量自身的历史事件数据对自身进行预测的方法。其公式如下。

$$y_t = \mu + \sum_{i=1}^{p} \gamma_i y_{t-i} + \epsilon_t \tag{2-32}$$

其中，y_t 是当前值，μ 是常数项，p 是阶数，γ_i 是自相关系数，ϵ_t 是误差值。

移动平均过程是自回归模型中的误差项的累加。它能够有效地消除预测中的随机波

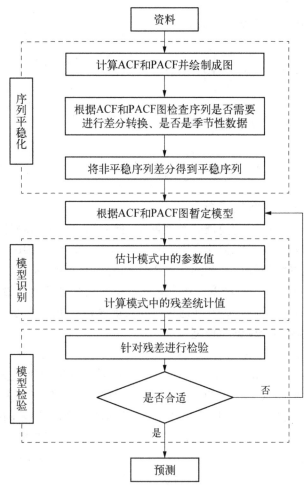

图 2 - 23　ARIMA 模型的建模过程

动。其公式如(2 - 33)所示。

$$y_t = \mu + \epsilon_t + \sum_{i=1}^{q} \theta_i \epsilon_{t-i} \qquad (2-33)$$

其中, q 是阶数, θ_i 是自相关系数。

自回归移动平均过程是将自回归模型与移动平均模型相结合。其公式如(2 - 34)所示。

$$y_t = \mu + \sum_{i=1}^{p} \gamma_i y_{t-i} + \epsilon_t + \sum_{i=1}^{q} \theta_i \epsilon_{t-i} \qquad (2-34)$$

如果原始序列不平稳,即序列数据的均值和方差等特征随着时间变化,则应当利用差分法对数据进行平稳化处理,计算时间序列中 t 时刻与 $t-1$ 时刻的差值,从而得到一个新的、更平稳的时间序列。若对时间序列做 d 次差分才能得到一个平稳序列,并对新序列建立自回归移动平均模型,即为 ARIMA(p, d, q) 模型。

2. DBN 网络模型

Hinton 等(2006)提出了深度信念网络(Deep Belief Network,简称 DBN)。一个 DBN 模

型由若干个受限玻尔兹曼机(Restricted Boltzmann Machines,简称 RBM)堆叠而成,每个 RBM 由一个可见层(也称显层)和一个隐层组成,底层 RBM 的隐层是下一个 RBM 的显层,显层神经元(简称显元)用于接受输入,隐层神经元(简称隐元)用于提取特征。DBN 的训练过程由低到高逐层进行训练。

DBN 既可用作无监督学习,类似于一个自编码机,尽可能地保留原始特征的特点,同时降低特征的维度,又可用作监督学习,作为分类器来使用。在用作监督学习时,方式有很多,比如将 DBN 训练获得的连接权 W 看作是神经网络的预训练,然后在此基础上通过 BP 算法进行微调。其网络结构如图 2 – 24 所示。

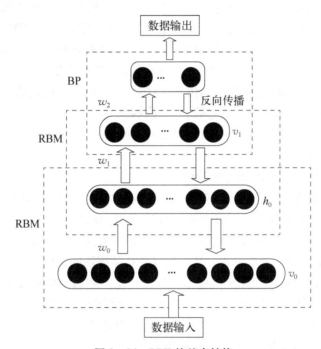

图 2 – 24　DBN 的基本结构

DBN 的训练简化为对多个 RBM 的训练,RBM 可通过对比散度算法(Contrastive Divergence,CD)进行快速训练。在这种方式训练后,再通过传统的全局学习算法(如 BP 算法)对网络进行微调,从而使模型收敛到局部最优点,通过这种方式可高效训练出一个深层网络。

其中,RBM 包括一个可见层 v 和一个隐藏层 h。设 $v = \{0, 1\}^D$,$h = \{0, 1\}^K$。参照可见层 v 和隐藏层 h 重构 v^*,故将隐藏层 h 中的信息提取,作为输入可见层 v 的信号特征。

首先,设定 RBM 中单元联合配置的能量 $E(v, h)$ 如式(2 – 35)所示。

$$E(v, h) = -\sum_{i=1}^{D} \sum_{j=1}^{K} v_i w_{ij} h_j - \sum_{j=1}^{K} a_j h_j - \sum_{i=1}^{D} b_i v_i \tag{2 – 35}$$

其中,w_{ij}、b_i、a_j 分别表示连接权重、可见层单元和隐含层单元的偏置。

v 和 h 的条件分布为式(2 – 36)所示。

$$p(h_j = 1 \mid v) = \sigma\left(\sum_i w_{ij} v_i + b_j \right) \tag{2 – 36}$$

$$p(v_i = 1 \mid h) = \sigma\Big(\sum_i w_{ij}h_j + a_j \Big) \tag{2-37}$$

其中 σ 为激活函数。

w_{ij} 在此依据对比散度法进行调整,其求解如式(2-38)所示。

$$\Delta w_{ij} = r(v_i h_{j\text{data}} - v_i h_{j\text{reconstrction}}) \tag{2-38}$$

其中 r 是 RBM 的学习率,在 DBN 中各个连接权重的更新和多层结构的确定中发挥重要的作用。

DBN 方法的特征提取可分为预训练和全局微调两个阶段。在预训练阶段,将训练数据输入 DBN 的第 1 个 RBM,开展无监督的训练,训练结束后将第 1 个 RBM 的输出作为下一个 RBM 的输入,依此方案反复执行,直到最后一个 RBM 训练完毕,从而形成了一个无监督学习的 DBN 特征提取模型。在全局微调阶段,基于训练数据的类别信息,对比 Softmax 分类器判定的类别,统计识别错误,并利用反向传播算法对 DBN 网络反向训练,微调各个初始连接权重,进一步地减少再次诊断时的误差数。全局微调阶段可以进一步地优化 DBN 网络中各个连接权重,有利于 DBN 提取更为本质和固有的特征。微调结束后,最后一个 RBM 提取的特征即为 DBN 提取的特征。

3. ARIMA-DBN 模型的溶解氧预测

溶解氧监测和预测对现代水产养殖业非常重要,对水产养殖水质的异常进行预测,能够有效提高水产养殖水质的质量。对水质异常的预测,需要计算出数据预测值,分析单整自回归移动平均模型特点,完成水质异常预测。传统方法对水产养殖水质参数的异常预测,是先对水质进行排除,预测异常,其过程复杂且预测精度偏低。袁红春、吕苏娜(2017)分析了差分自回归移动平均(ARIMA)模型与深度信念网络(DBN)模型特点,建立了一种水质参数预测模型 ARIMA-DBN,并应用于水产养殖溶解氧预测。实验结果验证了将 ARIMA-DBN 组合模型应用于水产养殖水质预测的有效性。

2.3.2.4 PCA-TSNN 神经网络预测模型

1. TSNN 神经网络

作者团队结合非线性有源自回归(Nonlinear Auto Regressive models with eXogenous inputs, NARX)神经网络与 T-S 模糊模型的各自优点,提出基于 T-S 模糊的 NARX 神经网络(T-S Fuzzy NARX Network, TSNN),引入延迟阶数,将规则层的输出作为 NARX 层延迟输入单元,使模糊神经网络具有处理历史相关信息能力。

T-S 模糊 NARX 神经网络(TSNN)的网络结构图如图 2-25 所示,TSNN 网络共分为输入层、隶属度函数层、规则层、参数层和输出层。

假设 $u_i^{(L)}(t)$ 为网络第 L 层第 i 个节点在 t 时刻的输入,$o_i^{(L)}(t)$ 分别为第 L 层第 i 个节点在 t 时刻的输出,D 为延迟阶数,$y(t+1)$ 为系统下一时刻的输出,各层主要功能描述如下。

(1)TSNN 输入层的数学表达式。

$$u_i^{(1)}(t) = x_i^{(1)}(t) + w_{ij}(t)u_{cj}(t - D) \tag{2-39}$$

式中,$w_{ij}(t)$ 是规则层第 i 个节点反馈至隶属度函数层第 j 个节点的连接权,$u_{cj}(t - D)$ 为第 j 个神经元在 t-D 时刻的输出,计算公式为

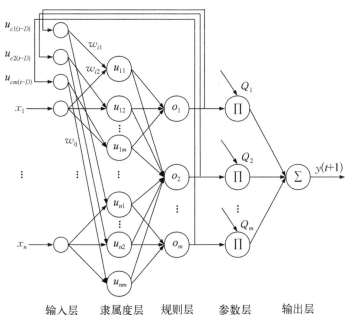

输入层　　隶属度层　　规则层　　参数层　　输出层

图 2 - 25　T - S 模糊 NARX 神经网络

$$u_{cj}(t) = o_j^{(3)}(t - D) \tag{2-40}$$

　　TSNN 在规则层引入递归单元,与延迟阶数 D 具有明显的物理意义,权值的初始值可以根据专家经验设定,这是 TSNN 与其他的递归型神经网络的不同之处。

　　(2) TSNN 隶属度层,假设隶属度函数层选取高斯函数作为隶属度函数,节点输入和输出公式分别为式(2 - 41)和式(2 - 42)所示。

$$u_{ij}^{(2)}(t) = - (o_i^{(1)}(t) - c_{ij}(t))^2 / (\sigma_{ij}(t))^2 \tag{2-41}$$

$$o_{ij}^{(2)}(t) = \exp(u_{ij}^{(2)}(t)) \tag{2-42}$$

　　(3) TSNN 规则层,为模糊逻辑规则的前件部分,实现每个规则的匹配,模糊规则描述如下。

$$\text{Rule } i : IF\ x_1\ is\ A_{1j},\ x_2\ is\ A_{2j},\ \cdots,\ x_n\ is\ A_{nj},$$
$$\text{Then } y_j(t) = a_{0j} + a_{1j}U_1 + a_{2j}U_2 + \cdots + a_{nj}U_n$$

　　$A_{ij}(i = 1, 2, \cdots, n; j = 1, 2, \cdots, m)$ 为 x_i 的第 i 个语言变量,$a_{ij}(i = 0, 1, \cdots, n)$ 为自变量 U 的系数,模糊规则的前件向量和后件向量分别为 $x(t)$,$U(t)$,规则层输入与输出之间的关系表达式为

$$u_j^{(3)}(k) = o_{ij}^{(2)}(t) \tag{2-43}$$

$$o_{ij}^{(3)}(t) = \prod_i^n u_j^3(t) \tag{2-44}$$

　　每条规则强度 $o_j^{(3)}(k)$ 不仅包括当前时刻输入量 x 的贡献值,还包括 $t-D$ 时刻激活强度

的贡献值。

（4）TSNN 参数层，TSNN 网络的后件网络与 T-S 模糊神经网络一致，作用是将第 j 个规则节点的激活强度与常数项 Q_j 进行乘积操作。

$$Q_j(t) = \sum_{j=0}^{m} a_{ij}U_j = a_{0j} + \sum_{j=1}^{m} a_{ij}U_j \tag{2-45}$$

$$o_i^{(4)}(t) = o_j^{(3)}(t)Q_j(t) \tag{2-46}$$

（5）TSNN 输出层，$y(t+1)$ 为网络 $t+1$ 时刻的输出。

$$u_i^{(5)}(k) = \sum_{i=1}^{m} o_j^{(4)}(t)Q_j(t) \tag{2-47}$$

$$y(t+1) = o_i^{(5)}(t) = u_i^{(5)}(t) \Big/ \sum_{j=1}^{m} o_j^{(3)}(t) \tag{2-48}$$

2. 基于 PCA 的参数优化

主成分分析法（Principal Components Analysis，PCA）是一种数据压缩和特征提取的多变量统计分析技术，模型使用 PCA 对 TSNN 网络的外部输入变量进行降维，通过构造变量的一系列线性组合形成新变量。新的变量比原始数据维度更低，而且在彼此不相关的前提下反映原始数据的信息。通过 PCA 选择的主成分变量作为 TSNN 网络的输入，既减少了输入变量的维数，又消除了由于输入变量相关性的不同对网络输出结果造成的影响，从而减少网络输入变量的维数，提高了 TSNN 网络收敛性和稳定性。

PCA 主要过程如下。

（1）数据标准化。设样本个数为 n，指标个数为 m，$x_{ij}(i=1,2,\cdots,n;j=1,2,\cdots m)$ 为第 i 组样本第 j 项指标的值，$\bar{x}_j$ 为第 j 项指标均值，S_j 为方差，对矩阵进行标准化处理，得到标准化矩阵 $Z_{(n\times m)}$。

$$x_{ij}^* = \frac{x_{ij} - \bar{x}_j}{S_j} \tag{2-49}$$

（2）根据公式（2-49）建立相关系数矩阵 $R_{m\times m}$。

$$r_{ij} = \frac{\sum_{k=1}^{m}(x_{ki}-\bar{x}_i)(x_{kj}-\bar{x}_j)}{\sqrt{\sum_{k=1}^{m}(x_{ki}-\bar{x}_i)^2 \sum_{k=1}^{m}(x_{kj}-\bar{x}_j)^2}} \tag{2-50}$$

（3）求解相关系数矩阵 R 的特征根 $\lambda_1 \geqslant \lambda_2 \geqslant \cdots \geqslant \lambda_m$、特征向量 $u_1, u_2, \cdots, u_m$，并计算贡献率、累计贡献率。

主成分 F_i 的贡献率 e_i 为

$$e_i = \lambda_i \Big/ \sum_{i=1}^{m} \lambda_i \times 100\% \tag{2-51}$$

累计贡献率 P 为

$$P = \sum_{i=1}^{p} e_i \tag{2-52}$$

本节选取累计贡献率 90% 以上的 p 主成分变量作为网络的输入,从而将网络输入维数由 m 降为 p。

（4）获得主成分矩阵。n 个样本对应 p 个主成分变量构成的矩阵为

$$A_{n\times p} = Z_{n\times m} U_{m\times p} \tag{2-53}$$

式中 $U_{m\times p}$ 为 $[u_1, u_2, \cdots, u_p]$,$Z_{n\times m}$ 为样本标准化矩阵。

3. PCA – TSNN 模型的溶解氧预测

赵彦涛（2018）针对现阶段水产养殖及运输环境预警研究存在的问题,将 T-S 模糊理论与 NARX 神经网络进行了融合,提出了基于 T-S 模糊的 NARX 神经网络（TSNN）,并使用 PCA 主成分分析法对网络输入参数进行优化,减少输入层输入节点的数量。为了验证 PCA – TSNN 模型的有效性,分别利用 NARX、TSNN 和 PCA – TSNN 对养殖水溶解氧含量开展短期（48 小时）预测实验,并对上述三种网络的预测性能进行对比。实验结果表明,PCA – TSNN 模型有更高的预测精度。使用基于 PCA – TSNN 预测模型建立了水产养殖及运输环境预警系统,并取得了较好的实际应用效果。

2.3.3　氨氮预测方法

2.3.3.1　氨氮的重要性

氨氮在水体中的含量能够反映出水体的污染程度和生物的生长状况,是衡量水质优劣的重要指标之一。国内外相关文献表明,养殖水体中氨氮的含量受到多种因素的影响,如 pH 值、饲料、生物种类、换水频率和药物残留等,同时直接或者间接地影响养殖生物的生长,相关渔业水质标准也对渔业养殖用水的氨氮含量有着明确规定,适宜鱼类生长的水体氨氮含量不能高于 0.02 mg/L,通常情况下,氨离子的浓度不能高于 5 mg/L。因此,在水产养殖的过程中监测氨氮的含量,预测其变化趋势对水产养殖有着重要意义。

2.3.3.2　PCA – NARX 神经网络预测模型

1. NARX 神经网络简介

非线性有源自回归模型 NARX,是一种应用广泛的动态神经网络。Rivera 等（2016）应用 NARX 模型对风速变化进行短期预测,Guzman 等（2017）运用 NARX 模型对密西西比地区地下水位进行长时间时间序列预测,蔡磊等（2010）应用 NARX 模型对磁暴时 SYM – H 指数进行预测,并取得了不错的效果。

NARX 网络的结构相当于具有输入延时的 BP 网络加上输出到输入的延时反馈连接,NARX 网络由输入层、隐层、输出层及输出到输入的延时等构成,其网络结构如图 2 – 26 所示。由于输出层不断将包含历史的输出数据反馈到输入层,从而使 NARX 网络具有记忆

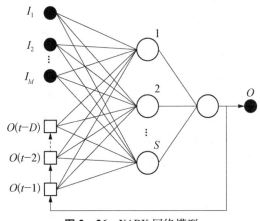

图 2 – 26　NARX 网络模型

能力,相比于传统回归神经网络包含更长时间的网络历史状态和实时状态信息。

NARX 网络的输入层在进行输入的同时将输出层的反馈连接加入网络的输入,通过控制延迟阶数,来控制历史信息参与网络训练的数量,相比其他反馈型神经网络,NARX 能够控制反馈的历史信息的长短,从而对预测时间序列变化有着独特的优势。

假设 $I(t)$、$O(t)$ 分别为网络在 t 时刻的外部输入和输出,M 为输入数据的个数,D 为反馈时延的阶数,则对于网络 t 时刻的输入 $I(t) = \{I_1, I_2, \cdots, I_M\}$,对应的反馈输入为 $C(t) = \{O(t-1), O(t-2), \cdots, O(t-D)\}$,隐层第 j 个神经元的输出 H_j 为

$$H_j = f\left(\sum_{i=1}^{M} w_{ji}I_i + \sum_{l=1}^{D} w_{jl}O(t-1)_l + b_j\right) \qquad (2-54)$$

式中 f 为隐层节点的激活函数,I_i 为第 i 个输入的值,w_{ji} 是 i 个输入与第 j 个隐含层神经元之间的连接权值,b_j 是第 j 个隐层神经元的阈值。网络的输出为

$$O = \sum_{j=1}^{S} w_{oj}H_j + b_o \qquad (2-55)$$

式中 S 是隐层神经元的个数,w_{oj} 为第 j 个隐含神经元与输出神经元之间的连接权值,b_o 为输出神经元的阈值。

2. PCA－NARX 的氨氮预测

氨氮是水产养殖中的一项重要水质参数,为了准确掌握氨氮的变化趋势,袁红春、赵彦涛、刘金生(2019)采用基于主成分分析法(PCA)优化网络输入变量的 NARX 神经网络预测模型,即 PCA－NARX 神经网络模型进行氨氮预测。在本书的第五章通过主成分分析法提取的主成分变量作为网络输入,优化网络结构,针对中华绒螯蟹的养殖水体,建立 PCA－NARX 网络模型,并与 NAR、NARX 网络模型进行了对比实验,实验结果表明:PCA－NARX 模型在 24 小时、48 小时内均方根误差 RMSE(Root Mean Square Error)最小,总体 48 小时之内,PCA－NARX 模型相对于 NAR、NARX 模型具有更好的泛化能力,对氨氮的预测性能较好,对中华绒螯蟹养殖水体的氨氮调控提供了较好的科学依据。

本章小结

本章介绍了水产品安全追溯与预警中用到的物联网及相关的关键技术。2.1 节介绍了在水产品安全追溯过程中,对水产品进行追溯标识的条形码、二维码以及 RFID 技术。快速发展的条形码技术、无线射频识别技术、二维码等自动识别技术为水产品溯源过程中的数据采集带来了极大的便利,并极大地促进了水产品溯源的快速发展;2.2 节介绍了水产品追溯关键环节进行了信息采集和传输的 ZigBee 通信技术、无线传感器网络技术和数据压缩技术。在水产养殖和水产品运输过程中,水质参数的预警显得尤为重要;2.3 节介绍了基于神经网络对溶解氧和氨氮参数预测技术,对准确预测水质参数的变化趋势具有重要意义。

参考文献

［1］ 潘家荣,朱诚.食品及食品污染溯源技术与应用[M].北京:中国质检出版社,2014.

［2］ 魏益民,李勇,郭波莉.植源性食品污染源溯源技术研究[M].北京:科学出版社,2010.

［3］ 孟猛.基于 UCC/EAN-128 条码的农产品追溯编码研究[J].热带农业科学.2011,31(8):72-75.

［4］ 苗凤娟,芦晓旭,陶佰睿.基于 WSN 和 RFID 的稻米溯源系统设计[J].吉首大学学报(自然科学版),2019,40(3):33-38.

［5］ 王志铧,柳平增,宋成宝,等.基于区块链的农产品柔性可信溯源系统研究[J/OL].计算机工程:1-8.https://doi.org/10.19678/j.issn.1000-3428.0056262,2020-02-12.

［6］ 白红武,孙传恒,丁维荣,等.农产品溯源系统研究进展[J].江苏农业科学,2013,41(4):1-4.

［7］ 谢菊芳.猪肉安全生产全程可追溯系统的研究[D].北京:中国农业大学,2005.

［8］ 刘俊荣,陈述平,雷建维.我国养殖水产品全链可追溯性系统平台的建设思路[J].水产科学,2007,(9):518-520.

［9］ 张珂,张文志.水产品可追溯系统研究与应用[J].中国渔业经济,2009,27(5):107-112.

［10］ 袁红春,丛斯琳.Petri 网的水产品溯源系统模型[J].传感器与微系统,2016,35(9):42-45.

［11］ 刘建华.物联网安全[M].北京:中国铁道出版社,2013.

［12］ Spagnolo G S, Cozzella L, Santis M D. New 2D barcode solution based on computer generated holograms: Holographic barcode [A]. Communications Control and Signal Processing (ISCCSP), 2012 5th International Symposium on[C]. IEEE, 2012:1-5.

［13］ Wakahara T, Yamamoto N. Image Processing of 2-Dimensional Barcode[A]. International Conference on Network-based Information Systems[C]. IEEE Computer Society, 2011:484-490.

［14］ 袁红春,侍倩倩.Hopfield 神经网络在二维码污损复原中的应用[J].传感器与微系统,2016,35(8):151-154.

［15］ 朱凯,王正林.精通 MATLAB 神经网络[M].北京:电子工业出版社,2010.

［16］ 金灿.基于离散 Hopfield 神经网络的数字识别实现[J].计算机时代,2012,(3):1-3.

［17］ 蒋宗礼.人工神经网络导论[M].北京:高等教育出版社,2001:84-85.

［18］ 尹敏,蔡吴琼.Hopfield 神经网络在字符识别中的应用[J].电脑知识与技术,2013,9(21):4925-4928.

［19］ 杨守建,陈恳.基于 Hopfield 神经网络的交通标志识别[J].计算机工程与科学,2011,33(8):132-137.

［20］ 贾花萍.Hopfield 神经网络在车牌照字符识别中的应用[J].计算机与数字工程,2012,40(4):85-86.

［21］ 欧阳元新,熊璋.物联网引论[M].北京:北京航空航天大学出版社,2016.

［22］ 刘彪.低功耗 Zigbee 节点的研究与实现[D].广州:广东工业大学,2015.

［23］ 高德民,钱焕延,严筱永,等.无线传感器网络最大生命期数据融合算法[J].南京理工大学学报(自然科学版),2012,36(1):87-89.

［24］ 卜范玉,张清辰,等.基于博弈论的无线传感网能量均衡模型[J].计算机系统应用,2015,24(5):152-155.

［25］ 余跃.水产品运输中的无线传感网节点优化研究[D].上海:上海海洋大学,2018.

［26］ 李鹏,王建新,丁长松.WSN 中基于压缩感知的高能效数据收集方案[J].自动化学报,2016,42(11):

1648 - 1656.

[27] 张娜. 基于遗传压缩感知的无线传感器网络数据压缩方法[J]. 计算机应用与软件, 2016, 33(4): 129 - 133.

[28] 翟双, 钱志鸿, 刘晓慧. 无线传感器网络中基于序列相关性的数据压缩算法[J]. 电子与信息学报, 2016, 38(3): 713 - 719.

[29] 王雷春, 马传香. 传感器网络中一种基于一元线性回归模型的空时数据压缩算法[J]. 电子与信息学报, 2010, 32(3): 755 - 758.

[30] 居锦武. 基于 LS - SVM 的养殖水体氨氮含量分析模型的优化[J]. 大连海洋大学学报, 2016, 31(4): 444 - 448.

[31] 刘双印, 徐龙琴, 李道亮, 等. 基于蚁群优化最小二乘支持向量回归机的河蟹养殖溶解氧预测模型[J]. 农业工程学报, 2012, (23): 167 - 175.

[32] 龚春生, 姚琪, 范成新, 等. 城市浅水型湖泊底泥释磷的通量估算——以南京玄武湖为例[J]. 湖泊科学, 2006, 18(2): 179 - 183.

[33] 王锦旗, 王国祥, 郑建伟. 不同流速下溢流堰对河道水质的影响[J]. 人民黄河, 2014, 36(11): 62 - 64.

[34] Broomhead D S, Lowe D. Multivariable functional interpolation and adaptive networks[J]. Complex Systems, 1988, (2): 321 - 355.

[35] Moody J E, Darken C J. Fast learning in networks of locally tuned processing units[J]. Neural Computation, 1989, 1(2): 281 - 294.

[36] Chen S, Cowan C F N, Grant P M. Orthogonal least squares learning algorithm for radial basis function networks[J]. IEEE Transactions on neural networks, 1991, 2(2): 302 - 309.

[37] Lee S, Kil R M. A Gaussian potential function network with hierarchically self-organizing learning[J]. Neural Networks, 1991, 4(2): 207 - 224.

[38] 袁红春, 潘金晶. 改进递归最小二乘 RBF 神经网络溶解氧预测[J]. 传感器与微系统, 2016, 35(10): 20 - 23.

[39] Dilling S, Macvicar B J. Cleaning high-frequency velocity profile data with autoregressive moving average (ARMA) models[J]. Flow Measurement & Instrumentation, 2017, (54): 68 - 81.

[40] Hinton G E, Osindero S, Teh Y W. A Fast Learning Algorithm for Deep Belief Nets[J]. Neural Computation, 2006, 18(7): 1527 - 1554.

[41] HINTON G E, SALAKHUTDINOV R R. Reducing the dimensionality of data with neural networks[J]. Science, 2006, 313(5786): 504 - 507.

[42] 张朝龙, 何怡刚, 杜博伦. 基于 DBN 特征提取的模拟电路早期故障诊断方法[J]. 仪器仪表学报: 2019, (10): 112 - 119. http://kns.cnki.net/kcms/detail/11.2179.TH.20191202.1004.012.html.

[43] 袁红春, 吕苏娜. 水产养殖水质异常优化预测仿真研究[J]. 计算机仿真, 2017, 34(12): 447 - 450.

[44] 赵彦涛. 基于模糊神经网络的水产养殖及运输环境预警研究[D]. 上海: 上海海洋大学, 2018.

[45] E, Rivera W, Campos-Amezcua R, et al. Wind speed forecasting using the NARX model, case: La Mata, Oaxaca, Mexico[J]. Neural Computing & Applications, 2016, 27(8): 2417 - 2428.

[46] Guzman S M, Paz J O, Tagert M L M. The Use of NARX Neural Networks to Forecast Daily Groundwater Levels[J]. Water Resources Management, 2017, 31(5): 1591 - 1603.

[47] 蔡磊, 马淑英, 蔡红涛, 等. 利用 NARX 神经网络由 IMF 与太阳风预测暴时 SYM - H 指数[J]. 中国科学(技术科学), 2010, 40(1): 77 - 84.

[48] 袁红春, 赵彦涛, 刘金生. 基于 PCA - NARX 神经网络的氨氮预测[J]. 大连海洋大学学报, 2018, 33(6): 808 - 813.

［49］　Akyildiz I F, Su W, Sankarasubramaniam Y and Cayirci E. Wireless Sensor Networks：A Survey. Computer Networks, 2002, (38)：393 – 422.

［50］　Curt Schurgers, Sung Park et al. Energy-Aware Wireless Microsensor Networks［J］. IEEE Singal Processing Magazine, 2002, 2(19)：40 – 50.

第 3 章　基于 Petri 网的追溯流程建模与优化

　　水产品追溯是一个基于养殖、配送、销售等多个流程的复杂过程。对这些流程中的信息流进行有效监控与管理能够实现水产品溯源,一旦出现问题可迅速对问题进行定位。为反映流程特点和在流程设计中发现潜在问题,保证流程合理性,需对水产品追溯流程进行有效分析和建模。本章从产品配送的角度出发,基于物联网概念和管理一体化思想,突出基于 Petri 网的水产品溯源系统的建模和模型优化方法,对模型进行结构分析,保障优化前后的模型是正确、可达和活性的,然后用数学分析方法对模型进行性能分析,为流程优化提供了理论依据,接着对优化后的流程进行了验证,结果表明效率有所提高。

3.1　Petri 网概述

　　Petri 网于 20 世纪 60 年代由卡尔・A.佩特里(Carl Adam Petri)发明,适用于描述异步的、并发的计算机系统模型。Petri 网是并行和分布式系统的基本模型,其基本思想是描述系统中状态的变化转换,旨在描述变迁之间的因果关系,并由此构造时序。Petri 网是一种图形化的建模工具,既有严格的数学表述方式,也有直观的图形表达方式,由于其建模的直观性和分析理论的严谨性而被广泛用于对计算机系统、机械制造系统等方面的建模和分析。Petri 网模型对带有并发性、异步性、分布式、非确定性和并行性系统的有力描述,使其已成为目前最有前景的建模工具。

3.1.1　Petri 网基本模型

　　20 世纪 60 年代,Petri 网在卡尔・A.佩特里的博士论文中出现,他用该网状结构来模拟通信系统。由于 Petri 网拥有图形化的界面、能够便捷地建模与分析、并能直接生成控制代码,故在实际应用中广为流传。随着 Petri 网理论不断完善,其应用也已向更广的领域扩展。

　　Petri 网能模拟系统的并发和冲突,描述系统动态性能,同时 Petri 网建模过程很简便,它将实际应用中的系统转换为数学对象,通过开发工具对系统进行分析及研究。无论静态结构,还是动态行为,都能够用 Petri 网模拟,故 Petri 网是用来研究信息系统及其相互关系的数学模型。一个 Petri 网实质上是一个带标识的有向偶图。有向偶图描述系统的静态结构,标识出系统所处的状态。当一个 Petri 网的标识按一定规律发生变化时,就形象地模拟了系统的动态行为。对一个系统,如果能够构造出它的 Petri 网模型,并对这个 Petri 网模型进行分析,就可以揭示被模拟系统的结构和动态行为方面的许多重要信息。这些信息可用于对系统进行性能评估或对系统提出改进的建议。Petri 网既有严格的形式定义,又有直观的图形表示,既有丰富的系统描述手段,又有系统行为分析技术,这为计算机科学提供坚实的概念基础。Petri 网是一种可用图形表示的组合模型,具有直观、易懂和易用的优点,对描述和分析并发现象有其独到之处。

满足以下条件的三元组 $N = (S, T; F)$ 称作一个 Petri 网:

$$S \cup T \neq \Phi$$
$$S \cap T = \Phi$$
$$F \subseteq (S \times T) \cup (T \times S)$$
$$\mathrm{dom}(F) \cup \mathrm{cod}(F) = S \cup T$$

其中 S 称为 N 的库所集,T 称为变迁集,F 称为流关系,$\mathrm{dom}(F) = \{x \in S \cup T | \exists y \in S \cup T: (x, y) \in F\}$,$\mathrm{cod}(F) = \{x \in S \cup T | \exists y \in S \cup T: (y, x) \in F\}$。它们分别是 F 的定义域和值域。

3.1.1.1　库所/变迁网和标识网

库所/变迁网和标识网是 Petri 网中的基本概念,它们的相关定义如下。

定义 3.1　库所/变迁网(P/T 网)是由一个五元组 $N = < P, T; \mathrm{Pre}, \mathrm{Post}, F >$ 表示,其中 P 是有限非空库所元素集合,P 的元素称为 P-元或库所(Place),也称为位置,在模型中用一个“○”圆形符号表示;T 的元素 t 表示变迁(transition),在模型中用一个“□”方形符号表示;F 表示弧集合,元素是库所和变迁之间的有向弧。

Pre,Post 是网 N 的向前和向后关联矩阵,表达式如下。

$$\mathrm{Pre} = \left[a_{ij} \right]_{(m \times n)} \tag{3-1}$$

其中 $a_{ij} = \begin{cases} 1, & \mathrm{if}(p_i, t_j) \in F \\ 0, & \mathrm{else} \end{cases}$　$i \in \{1, 2, \cdots, m\}, j \in \{1, 2, \cdots, n\}$

$$\mathrm{Post} = \left[a_{ij} \right]_{(m \times n)} \tag{3-2}$$

其中 $a_{ij} = \begin{cases} 1, & \mathrm{if}(t_j, p_i) \in F \\ 0, & \mathrm{else} \end{cases}$　$i \in \{1, 2, \cdots, m\}, j \in \{1, 2, \cdots, n\}$

p_i 表示第 i 个库所,t_j 表示第 j 个变迁,$C = \mathrm{Post} - \mathrm{Pre}$ 称为 Petri 网的关联矩阵。其中,$C = \left[c_{ij} \right]_{(m \times n)}$。

根据关联矩阵中元素的定义可知,当 $c_{ij} = 0$ 时表示含义为库所 p_i 和变迁 t_j 没有关系;当 $c_{ij} = -1$ 时表示 p_i 是 t_j 的输入库所,或者说 t_j 是 p_i 的输出变迁,即有向弧从 p_i 指向 t_j,资源从库所 p_i 流入变迁 t_j;当 $c_{ij} = 1$ 时可以说 p_i 的输入变迁为 t_j,也就是说有向弧的方向为 t_j 指向 p_i,资源 t_j 中释放给 p_i。

定义 3.2　设 $N = (P, T; F)$ 为一个网。映射 $M: p \to \{0, 1, 2, \cdots\}$ 称为网 N 的一个标识(marking)。二元组 (N, M) (也即四元组 $(P, T; F, M)$)称为一个标识网(marked net)。

3.1.1.2 Petri 网基本模型

目前,Petri 网主要分为四种模型,分别为:串行、并列、选择及循环执行。

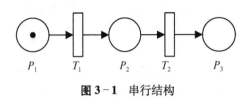

图 3-1 串行结构

1. 串行

串行指的是业务流程中的各个环节并不是同时进行的,而是依次进行的。如下图 3-1 所示,图中的各个库所是依次进行的,而不是同时发生变迁的。

2. 并行

并行指的是业务流程中的各个环节可以在同一时刻进行,并且各个环节之间没有先后顺序的规定。如下图 3-2 所示,Task 1 和 Task 2 分别在不同的分支上,但这两个任务可以同时进行,并且相互之间没有干扰。

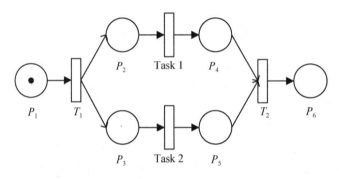

图 3-2 并列结构

3. 选择结构

除了存在以上的几种结构外,Petri 网中还可能存在下面的情况,即模型中虽然有很多任务需要完成,但是由于资源有限,只能完成其中的一个,此时就会出现 Petri 网的选择结构,如下图 3-3 所示的便是一个 Petri 网的选择结构模型。

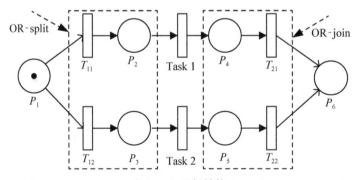

图 3-3 选择结构

4. 循环执行结构

循环执行结构是指某些任务需要反复执行,直到满足一定条件后才执行其他任务的一种结构。若业务流程中存在此结构,那么该流程中的一些环节可以反复地进行,如下图 3-4 所示,其中,Task 2 是可以进行多次的,而该任务循环的次数是由其中的一个变量 t 来决

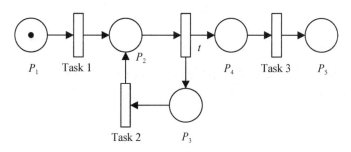

图 3-4　循环结构

定的。

3.1.2　随机时间 Petri 网基本理论

随机时间 Petri 网是一类含有时间因素的 Petri 网,不过它的各个变迁的时延是一个随机变量,引入的随机变量又可以分为离散的和连续的两种。为了便于分析,一般假设离散的随机变量服从几何分布,连续的随机变量服从指数分布。这样,就可以引入排队网络、马尔科夫过程等随机数学的方法,对随机 Petri 网及其所描述的实际系统进行分析。

假设 $\Sigma = (S, T; F, M_0, \lambda)$ 为一个随机 Petri 网,其中 $(S, T; F, M_0)$ 为一个原型 Petri 网,λ 是定义在变迁集 T 上的时间函数,即 $\lambda: T \rightarrow R_0$(非负实数集)。

设 $T = \{t_1, t_2, \cdots, t_n\}$,则对 $t_i \in T$,$\lambda(t_i) = \lambda_i$ 为一个非负实数,它表示变迁 t_i(当满足发生的条件时)的发生速率。t_i 发生的时延 d_i 是一个与时间 τ 相关的随机变量 $d_i(\tau) = e^{(-\lambda_i \tau)}$。变迁 t_i 的平均时延为 $\bar{d}_i = \int_0^\infty e^{-\lambda_i \tau} d\tau = \dfrac{1}{\lambda_i}$,$\lambda = (\lambda_1, \lambda_2, \cdots, \lambda_m)$ 是变迁平均发生速率的集合。λ_i 是变迁 $t_i \in T$ 的平均发生速率,表示变迁单位时间内平均发生的次数,单位为次数/单位时间,特别地,发生速率有时可能依赖于标识,是标识的函数。

如果 Σ 是一个有界的随机 Petri 网,那么 Σ 的可达标识图 $RG(\Sigma)$ 与有限的马尔科夫链(Markov Chain, MC)是同构的。该同构的马尔科夫链状态空间即是 Σ 的可达标识集,用 $R(M_0)$ 表示。

设 $\Sigma = (S, T; F, M_0, \lambda)$ 为一个随机 Petri 网,$\lambda = (\lambda_1, \lambda_2, \cdots, \lambda_n)(n = |T|)$。设 $|R(M_0)| = r$,则 r 阶矩阵 $Q = |q_{ij}|_{(r \times r)}$ 就是 Σ 的概率转移矩阵,其中

$$q_{ij} = \begin{cases} \lambda_k, & i \neq j,\text{且存在 } t_k \in T, M_i[t_k > M_J \\ 0, & i \neq j,\text{且不存在 } t_k \in T, M_i[t_k \geq M_J \\ -\sum_{M_i[t_k} \lambda_k, & i = j \end{cases} \qquad (3-3)$$

通过概率转移矩阵,便可以求出马尔科夫链上 r 个状态的稳定状态概率,用 r 维向量 $\Pi = \lfloor \pi_1, \pi_2, \cdots, \pi_n \rfloor$ 表示$(r = |R(M_0)|)$,其中 π_i 表示标识 M_i 的稳定概率,r 维向量 Π 可以用下列方程组求得

$$\begin{cases} \Pi Q = 0 \\ \sum_{i=1}^{r} \pi_i = 1 \end{cases} \qquad (3-4)$$

Q 是一个 r 阶矩阵,也是 Σ 的概率转移矩阵,通过 $r+1$ 个方程的解可以求出向量 Π。通过 r 维稳定状态概率向量 Π 可以对 Petri 网所描述的流程进行性能评价。

3.1.3 Petri 网基本特点及应用

Petri 网作为系统建模主要工具之一,其建模和分析过程如图 3-5 所示。

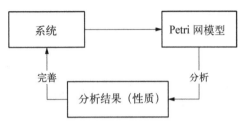

图 3-5 Petri 网建模及分析过程

设计和分析所做系统都需要依靠系统模型。Petri 网作为系统模型之一,主要特点如下。

3.1.3.1 形式化语义

对于利用 Petri 网来说明的过程或者系统都应该具备精确明了的定义,并且系统的一些数学特征也可以利用 Petri 网诠释出来。Petri 网拥有严格的、坚实的数学表达基础和逻辑,具有规范的模型定义。同时 Petri 网可以对系统的行为特征和结构特点进行详细的阐述,特别体现在动态行为和静态结构两方面。它可以利用图形进行表示,这样用户可以观看直观的图形,可以更好地理解和交流。

3.1.3.2 表达能力强

Petri 网的 Place、Translation、Connection、Token 四类元素及其属性可以组合并表达出各种路由关系(如并行、分支、冲突等)。Petri 网可以快速便捷地建立系统中的各类关系(并发、异步、冲突等),准确地说明系统中事件之间的依赖关系,同时结合对系统状态、事件等描述,可以有效地提高用户对模型的理解。其提供的统一图形化方法来描述各个系统的特点,可简单直观的反映出系统特点,能让研究人员直接进行研究和分析。

3.1.3.3 可执行性强

它可以通过各种变化模拟系统的动态行为。其基于状态而非事件,能将系统状态明确表现出来,适合工作流程的建模。

3.1.3.4 丰富的分析方法

Petri 网功能强大,可分析系统中的变量、活性、有界性、安全性等指标,设计者可以利用这一特点来设计不同的评价方案。

近年来,已有专家学者将 Petri 网应用于溯源系统业务流程的建模和分析。通过 Petri 网对溯源系统进行建模,既能将系统中存在的复杂情况描述清楚,又可以将复杂的模型用简单的图形表示出来,便于用户理解。与此同时,根据 Petri 网具有严格的形式化语义特点,可以详细地表达和展现各个环节流程之间的逻辑关系,准确描述溯源系统。此外,Petri 网作为分析工具,也非常适用于存在着异步、并发、资源共享和随机等特征的系统。鉴于溯源系统业务流程由多个任务依次执行构成,任务执行时会占用资源,且运输配送过程存在运送时间等不确定因素,因此,Petri 网也是分析溯源系统的有力工具。

3.2　水产品追溯信息模型

水产品追溯,就是对水产养殖、物流配送和加工销售过程中各关键环节的溯源信息进行查询溯源。因此,通过对供应链中信息流的监控管理,可以实现产品溯源,一旦出现问题即可迅速对问题进行定位,追溯到产品源头,从而实现对各个环节的监控,找到问题环节,召回问题产品。为了体现流程特点,发现流程设计中潜在的问题,保证流程的合理性,可利用 Petri 网对水产品溯源流程进行建模。

3.2.1　随机时间 Petri 网建模

由于 Petri 网在离散事件建模方面具有明显优势,因此选择 Petri 网对水产品溯源流程进行建模和优化。由于水产品溯源流程的一个重要衡量指标是时间,因此可建立随机时间 Petri 网。随机时间 Petri 网着眼于系统中可能发生的各种状态变化以及变化之间的关系,描述的是系统的动态变化过程。

随机时间 Petri 网建模步骤如下。

（1）明确作业过程,确定流程中初始标识、库所、变迁,为第二步做基础。初始标识是指初始资源所在的地方,反映了系统的状态;库所代表了资源的状态,变迁是操作或活动的实施;变迁的延时时间是指变迁从发生到结束所用的时间。

（2）库所、变迁的映射。根据上一步确定的作业和状态,采用相应的映射,在映射过程要注意流程之间是平行关系还是选择关系,才能确定变迁同时引发了几个状态。

（3）Petri 网改进。对刚建立的 Petri 网模型进行检查,确认是否能够简洁、正确地表达流程的运行状况,检查模型是不是正确,是否存在孤立的节点和发生死锁的节点;检查其逻辑关系是否正确,不断进行修改,直到模型能够简洁正确地表达流程为止。

（4）Petri 网验证。建立模型的关联矩阵或可达标识图,用数学分析方法检查模型的可达性、有界性和活性。如果存在冲突或是死锁,再进行改进。

（5）计算各变迁所用时间,然后求出变迁率,即单位时间变迁发生的次数,按（λ_1, λ_2, $\cdots$, λ_n）的顺序标注在模型下面。

3.2.2　水产品溯源流程 Petri 网建模

养殖场是整个溯源过程的源头部门。养殖场接受大客户和 VIP 客户订单,养殖场接到订单后,将水产品运送到配送中心,配送中心检验合格后,一方面对 VIP 客户预订的水产品进行分装包装,另一方面对大客户订单直接装箱运输。最后,客户分别根据接收到的提货单或发运单,对货物进行提货验收。水产品追溯业务流程图如图 3-6 所示。

在 Petri 网和随机时间 Petri 网技术的基础之上,依据要研究的水产品溯源流程的行业特点,对其进行扩充,定义水产品溯源流程模型为五元组 Σ: $\Sigma = (P, T; F, M_0, \lambda)$,$P$ 指的是库所集,代表水产品溯源的执行关键部门或关键点;T 是变迁集,代表水产品溯源流程中的工作活动;F 是指的 P,T 之间的流关系;λ 在水产品溯源流程中主要代表变迁的时间变量;M_0 为初始标识,是指各库所中的托肯(Token)情况。

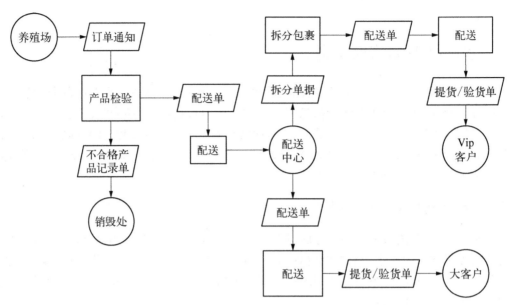

图 3 - 6　水产品追溯业务流程图

根据水产品追溯业务流程,利用 Petri 网的"状态"和"事件"概念对整个工艺流程进行描述,具体见表 3 - 1。

表 3 - 1　水产品养殖流通流程 Petri 网描述

状 态 描 述		事 件 描 述	
p_0	养殖场		
p_1	订单通知	t_1	接受订单
p_2	配送中心	t_2	确认订单选择配送
p_3	小包裹	t_3	拆分包装
p_4	大客户提货单	t_4	大包裹配送
p_5	VIP 客户提货单	t_5	小包裹配送
p_6	大客户	t_6	验收
p_7	VIP 客户	t_7	验收

分析水产品养殖和流通过程中的每一事件,条件用 Petri 网的库所表示,事件用 Petri 网的变迁表示,转移所对应的事件的前条件是转移的输入,后条件是转移的输出。根据以上的思路,可以创建基于 Petri 网的水产品安全追溯系统模型,如图 3 - 7 所示。

3.2.3　模型的结构分析

依据 Petri 网建模后,需对模型进行分析。分析系统的性能,主要对系统的一些性质进行分析。

一般的分析方法中,Petri 网性质具体包括可达性、有界性和活性第三项。

性质 1　可达性

可达图(Reachability Graph)能够清晰地表达标识与变迁发射之间的关系,并且还能清晰地展现出 Petri 网所具有的最基本的动态特征。可达性是网系统最基本的动态性质。如果一个 Petri 网有界,那么其可达图为有限图。如果是无界的,相应地,其可达图也为无限延展的,这时可以通过构建一个有限的可覆盖图(Coverability Graph)来研究与之相关的特征。通过可达图与可覆盖图相结合开展可达性研究,尽管功能强大,但运算的复杂度非常高。对于一个网系统来说,其可达图的规模随着初始标识 M_0 增大而增大。

一个真实系统用 Petri 网来进行模拟时,系统的结构用网 $(S, T; F)$ 来描述, M_0 来表示系统的初始状态, $R(M_0)$ 来表示系统运行过程中可能出现的全部状态的集合。对于 $R(M_0)$ 可以给出下面形式定义。

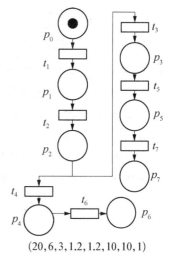

$(20, 6, 3, 1.2, 1.2, 10, 10, 1)$

图 3-7　水产品安全追溯系统 Petri 网模型

定义 3.3　设 $\sum = (S, T; F, M_0)$ 为 Petri 网,其中 M_0 是 $\sum$ 的初始标识。$R(M_0)$ 定义为满足以下要求的最小集合。

$$M_0 \in R(M_0)$$

若 $M \in R(M_0)$,且存在 $t \in T$,使得 $M[t > M'$,则 $M' \in R(M_0)$。

对于有界 Petri 网 (N, M_0),可以通过下面的算法获取其对应的可达图。

算法 3.1　Petri 网系统可达图生成算法

算法输入: Petri 网 (N, M_0)

算法输出: 可达图 $RG(N, M_0)$

算法步骤:

步骤 1　可达图的初始顶点记作 M_0,而且没有标号

步骤 2　while(存在没有标号的顶点) do

　　　　考虑没有标号的顶点 M

　　　　对于 M 下使能的变迁 t, 令 $M' = M + (N, t)$

　　　　if (可达图中不存在顶点 M') then

　　　　在图中添加相应顶点 M

　　　　从 M 到 M' 添加弧 t

　　　　end if

　　　　给 M 加标号"旧"

　　　　end while

　　　　从顶点中删去该标号

步骤 3　算法结束

性质 2　有界性

定义 3.4　设 $\sum = (S, T; F, M_0)$ 为一个 Petri 网, $s \in S$,若存在正整数 B,使得 $\forall M \in R(M_0)$: $M(s) \leqslant B$,则称库所 S 为有界的(Bounded)。

性质 3　活性

定义 3.5 设 $\sum = (S, T; F, M_0)$ 是一个 Petri 网，M_0 为初始标识，$t \in T$。如果对每个 $M \in R(M_0)$，都有 $M' \in R(M)$，使得 $M'[t >$；则称变迁 t 为活的。如果每个 $t \in T$ 都是活的，则称 $\sum$ 为活的 Petri 网。

模型分析方法中最常见的一种方法是矩阵方程，通过设立关联矩阵，计算 S 不变量和 T 不变量；然后依据不变量的特性，判断系统的性质。本课题就选用了矩阵方程对系统模型进行分析。

由图 3-7 Petri 网所构建的水产品安全溯源模型以及公式 $C^-[j, i] = W(p_i, t_j)$，$C^+[j, i] = W(t_j, p_i)$ 得出了关联矩阵。

$$C^-[j, i] = \begin{bmatrix} 1 & 0 & 0 & 0 & 0 & 0 & 0 & 0 \\ 0 & 1 & 0 & 0 & 0 & 0 & 0 & 0 \\ 0 & 0 & 1 & 0 & 0 & 0 & 0 & 0 \\ 0 & 0 & 1 & 0 & 0 & 0 & 0 & 0 \\ 0 & 0 & 0 & 1 & 0 & 0 & 0 & 0 \\ 0 & 0 & 0 & 0 & 1 & 0 & 0 & 0 \\ 0 & 0 & 0 & 0 & 0 & 1 & 0 & 0 \end{bmatrix}$$

$$C^+[j, i] = \begin{bmatrix} 0 & 1 & 0 & 0 & 0 & 0 & 0 & 0 \\ 0 & 0 & 1 & 0 & 0 & 0 & 0 & 0 \\ 0 & 0 & 0 & 1 & 0 & 0 & 0 & 0 \\ 0 & 0 & 0 & 0 & 1 & 0 & 0 & 0 \\ 0 & 0 & 0 & 0 & 0 & 1 & 0 & 0 \\ 0 & 0 & 0 & 0 & 0 & 0 & 1 & 0 \\ 0 & 0 & 0 & 0 & 0 & 0 & 0 & 1 \end{bmatrix}$$

水产品溯源模型的关联矩阵：

$$C = C^+ - C^- = \begin{bmatrix} -1 & 1 & 0 & 0 & 0 & 0 & 0 & 0 \\ 0 & -1 & 1 & 0 & 0 & 0 & 0 & 0 \\ 0 & 0 & 0 & 1 & 0 & 0 & 0 & 0 \\ 0 & 0 & -1 & 0 & 1 & 0 & 0 & 0 \\ 0 & 0 & 0 & -1 & 0 & 1 & 0 & 0 \\ 0 & 0 & 0 & 0 & -1 & 0 & 1 & 0 \\ 0 & 0 & 0 & 0 & 0 & -1 & 0 & 1 \end{bmatrix}$$

由 $C \cdot W = 0$ 解得 S 不变量：

$$W_1^T = \begin{bmatrix} 1 & 1 & 1 & 1 & 0 & 1 & 0 & 1 \end{bmatrix}$$

$$W_2^T = \begin{bmatrix} 1 & 1 & 1 & 0 & 1 & 0 & 1 & 0 \end{bmatrix}$$

通过关联矩阵算出不变量 S，可以看出当分量是 1 的时候代表的含义是托肯流经这个库所，相反为 0 时候就不流经此库所。流经的路线是变化的，但是只要是 $C \cdot W = 0$ 就可以说明这个模型逻辑合理。

根据 Petri 网的特性可以知道,图 3 - 7 所示的水产品安全追溯系统的 Petri 网模型的可达性、有界性和活性都可以得到满足。S 不变量中各不变量对应的库所为

$$W_1 = (p_0, p_1, p_2, p_3, p_5, p_7)$$

$$W_2 = (p_0, p_1, p_2, p_4, p_6)$$

以上的矩阵方程分析证明了所设计的水产品溯源流程的模型是合理的。

3.2.4　模型的性能分析

1. 性能分析依据

随机时间 Petri 网模型特性分析主要依据以下步骤。

(1)建立随机时间 Petri 网模型,在构造模型时,主要分析系统中的资源、引起系统资源变化的事件等条件,将其转换为随机时间 Petri 网模型。

(2)产生模型的可达标识图,再将图中的每一弧给定该弧所对应的变迁的激发率,进一步将可达图转化为马尔科夫链。

(3)对马尔科夫链进行分析,通过求解矩阵方程得到稳态概率,然后再通过稳态概率和变迁激发矩阵,确定模型所描述的流程的性能估计。

2. 性能分析评价

由稳定状态概率求系统的性能参数。求解得到稳定状态概率后,可进一步由稳定状态概率求系统的性能参数,分析其性能指标,进而对系统进行性能评价。

(1)在每个状态 M_i 中驻留的时间。每个状态 M_i 中驻留的时间是以 q_{ii} 为参数的一个负指数分布随机变量的值,表达式为

$$\bar{\tau}(M_i) = (q_{ii})^{-1} = \left(\sum_{t_j \in H} \lambda_j \right)^{-1} \tag{3-5}$$

其中,H 是在 M_i 可实施的所有变迁的集合。

(2)若 H 中只存在一个变迁 t_k,令 $M_i[t_k > M_j$,下一个状态是 M_j,在 M_i 状态的等待时间。

$$\bar{\tau}(M_i \mid M_j) = (q_{ii})^{-1} = \frac{1}{\lambda_k(i \neq j)} \tag{3-6}$$

(3)托肯概率密度函数。在稳定状态下,每个库所中包含的托肯数量的概率。对 $\forall s \in S$, $\forall_i \in N$,令 $P[M(s)=i]$ 表示库所 s 中包含 i 个托肯的概率,则可从标识的稳定概率求得库所 s 的托肯概率密度函数如下。

$$P(M(s)=i) = \sum_j P(M_j) \tag{3-7}$$

其中,$M_j \in [M_0 >$ 且 $M_j(s) = i$

(4)库所中平均托肯数。对于 $\forall s_i \in S$, $\bar{u}_i$ 表示在稳定状态下,库所 s_i 在任一可达标记中平均所含有的托肯数,则有

$$\bar{u}_i = \sum_j j \times P(M(s_i = j)) \qquad (3-8)$$

一个库所集 $S_j \subseteq S$ 的平均托肯数是 S_j 中每个库所 $s_i \subseteq S_j$ 的平均托肯数之和,记为 $\bar{N}_j$,则有 $\bar{N}_j = \sum_{s_i \subseteq S_j} \bar{u}_i$。

3. 溯源流程建模

根据随机时间 Petri 网对水产品溯源业务流程进行性能分析,各变迁发生的延时如表 3-2 所示。并根据模型得到可达标识图见表 3-3。

表 3-2　水产品溯源流程中各变迁平均发生率

变迁发生延时	次数/单位时间	变迁发生延时	次数/单位时间
λ_1	20	λ_2	6
λ_3	3	λ_4	1.2
λ_5	1.2	λ_6	10
λ_7	10	λ_8	1

表 3-3　模型的可达标识图

	p_0	p_1	p_2	p_3	p_4	p_5	p_6	p_7
M_0	1	0	0	0	0	0	0	0
M_1	0	1	0	0	0	0	0	0
M_2	0	0	1	0	0	0	0	0
M_3	0	0	0	1	1	0	0	0
M_4	0	0	0	1	0	0	1	0
M_5	0	0	0	0	1	1	0	0
M_6	0	0	0	0	0	1	1	0
M_7	0	0	0	0	1	0	0	1
M_8	0	0	0	0	0	0	1	1

根据表 3-3 可以得出马尔科夫链图,如图 3-8 所示。

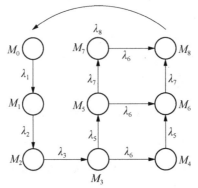

图 3-8　水产品溯源业务流程马尔科夫链图

设 $P^* = (P_1, P_2, P_3, \cdots, P_n)$ 是上述状态标识的稳定概率,转移矩阵为 Q,根据公式可知

$$Q = \begin{bmatrix} -\lambda_1 & \lambda_1 & 0 & 0 & 0 & 0 & 0 & 0 & 0 \\ 0 & -\lambda_2 & \lambda_2 & 0 & 0 & 0 & 0 & 0 & 0 \\ 0 & 0 & -\lambda_3 & \lambda_3 & 0 & 0 & 0 & 0 & 0 \\ 0 & 0 & 0 & -(\lambda_5 + \lambda_6) & \lambda_6 & \lambda_5 & 0 & 0 & 0 \\ 0 & 0 & 0 & 0 & -\lambda_5 & 0 & \lambda_5 & 0 & 0 \\ 0 & 0 & 0 & 0 & 0 & -(\lambda_7 + \lambda_6) & \lambda_6 & \lambda_7 & 0 \\ 0 & 0 & 0 & 0 & 0 & 0 & -\lambda_7 & 0 & \lambda_7 \\ 0 & 0 & 0 & 0 & 0 & 0 & 0 & -\lambda_6 & \lambda_6 \\ \lambda_8 & 0 & 0 & 0 & 0 & 0 & 0 & 0 & -\lambda_8 \end{bmatrix}$$

由公式

$$\begin{cases} PQ = 0 \\ \sum_{i=1}^{r} p_i = 1 \end{cases} \tag{3-9}$$

可以得出稳定概率: $P(M_0) = 0.017$, $P(M_1) = 0.056$, $P(M_2) = 0.279$, $P(M_3) = 0.030$, $P(M_4) = 0.249$, $P(M_5) = 0.002$, $P(M_6) = 0.032$, $P(M_7) = 0.002$, $P(M_8) = 0.335$。

溯源流程的平均执行时间是指在稳定状态下,根据溯源流程一次完整的走通所需要的平均时间,根据公式 $N = \lambda T$ 可以计算出上述流程的平均执行时间,其中 N 为稳态时 Petri 网系统中某个子系统的平均令牌数,λ 为单位时间进入某子系统的令牌数,T 为该子系统的平均执行时间。

(1) 库所中繁忙的概率也就是库所中有一个令牌的概率,值为:

$$P[M(p_0) = 1] = P(M_0) = 0.017$$

$$P[M(p_1) = 1] = P(M_1) = 0.056$$

$$P[M(p_2) = 1] = P(M_2) = 0.279$$

$$P[M(p_3) = 1] = P(M_3) + P(M_4) = 0.279$$

$$P[M(p_4) = 1] = P(M_3) + P(M_5) + P(M_7) = 0.033$$

$$P[M(p_5) = 1] = P(M_5) + P(M_6) = 0.033$$

$$P[M(p_6) = 1] = P(M_4) + P(M_6) + P(M_8) = 0.615$$

$$P[M(p_7) = 1] = P(M_7) + P(M_8) = 0.336$$

(2) 令牌的平均数也就是在系统中托肯的平均数,值为:

$$N = P[M(p_0) = 1] + P[M(p_1) = 1] + P[M(p_2) = 1] + P[M(p_3) = 1] +$$

$$P[M(p_4) = 1] + P[M(p_5) = 1] + P[M(p_6) = 1] + P[M(p_7) = 1]$$
$$= 1.649$$

（3）单位时间进入系统中令牌数就是经过 t_i 输出的托肯数，又有 t_i 的传递速度 $\lambda_1 = 20$，所以单位时间进入系统中的令牌数是 $\lambda = 20 \times P[M(p_0)] = 0.335$。

（4）溯源流程的平均延时时间 $T = \dfrac{N}{\lambda} = 4.927$，时间 T 的大小反映了整个流程组织的运行效率。

考虑到在鲜活水产品运输中，时间因素以及个别任务的实施概率决定着水产品的鲜活程度和是否安全健康，所以对水产品追溯模型进行业务流程优化的实施尤为重要，优化的业务流程可以减少运输时间的消耗。对水产品追溯模型进行业务流程优化后，可以使水产品追溯模型不但合理而且时间性能更为突出。

3.3　优化后的水产品追溯信息模型

对 Petri 网所建立的水产品溯源流程模型与实际养殖基地进行匹配分析后，发现流程存在着时间约束的瓶颈，遵循 ECRS 原则可给出基于溯源管理系统的优化方案，所谓 ECRS 原则是指 Eliminate（取消）、Combine（合并）、Rearrange（重排）、Simplify（简化）优化原则。

3.3.1　优化后水产品溯源业务流程 Petri 网建模及结构分析

本业务流程中，根据取消原则可将订单通知和产品发货单/提货单这两个环节取消改为自动生成订单，以达到缩短时间效果；根据重排原则，将大客户配送提前，此操作有效地消除了配送中心的重复工作现象，在工作效率上得到了较大的提高效果。在实际生活中，进行实地探访与咨询后，发现现有物流系统大多使用这种自动生成订单的方式。

在进行实地调研、专家提供意见以及参考现有的文献资料后，在不改变原有过程的情况下，将水产品溯源业务流程进行了优化，优化后方案（如图 3－9 所示）为：通过使用溯源管

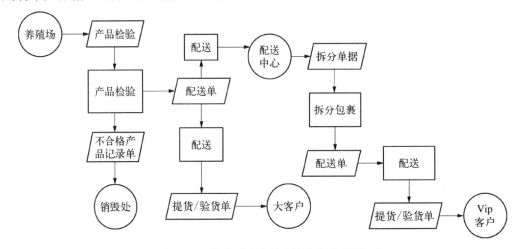

图 3－9　优化后水产品追溯业务流程图

理系统,可自动生成订单通知和产品发运单提货单,消息或邮件通知养殖场和客户,多部门共享,省去很多时间,如可以取消原流程 p_1, p_4, p_5 养殖场直接在系统中通知发货,客户接到短信通知直接提货。

优化后的水产品安全追溯系统 Petri 网模型如图 3–10 所示,图中各元素具体含义如表 3–4 所示,流程中各变迁发生延时如表 3–5 所示。

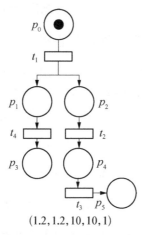

$$(1.2, 1.2, 10, 10, 1)$$

图 3–10　优化后水产品安全追溯系统 Petri 网模型

表 3–4　水产品养殖流通流程 Petri 网描述

状 态 描 述		事 件 描 述	
p_0	养殖场		
p_1	通知提货	t_1	检验配送
p_2	配送中心	t_2	分包配送
p_3	大客户	t_3	验货
p_4	通知提货	t_4	验货
p_5	VIP 客户		

表 3–5　水产品溯源流程中各变迁平均发生率

变迁发生延时	次数/单位时间	变迁发生延时	次数/单位时间
λ_1	1.2	λ_2	1.2
λ_3	10	λ_4	10
λ_5	1		

通过设立关联矩阵,计算 S 不变量和 T 不变量,由 $C \cdot W = 0$ 解得 S 不变量

$$W_1^{\mathrm{T}} = \begin{bmatrix} 1 & 1 & 0 & 1 & 0 & 0 \end{bmatrix}$$

$$W_2^{\mathrm{T}} = \begin{bmatrix} 1 & 0 & 1 & 0 & 1 & 1 \end{bmatrix}$$

根据 Petri 网的特性可以知道,图 3 - 10 所示的水产品安全追溯系统的 Petri 网模型的可达性、有界性和活性都可以得到满足。S 不变量中各不变量对应的库所为

$$W_1 = (p_0, p_1, p_3)$$

$$W_2 = (p_0, p_2, p_4, p_5)$$

以上的矩阵方程分析证明了所设计的水产品溯源流程的模型是合理的。

3.3.2 优化后水产品溯源业务流程模型性能分析

经计算得稳定状态概率: $P(M_0) = 0.301$, $P(M_1) = 0.032$, $P(M_2) = 0.268$, $P(M_3) = 0.002$, $P(M_4) = 0.002$, $P(M_5) = 0.034$, $P(M_6) = 0.361$

(1) 库所中繁忙的概率也就是库所中有一个令牌的概率为:

$$P[M(p_0) = 1] = P(M_0) = 0.301$$

$$P[M(p_1) = 1] = P(M_1) + P(M_3) + P(M_4) = 0.036$$

$$P[M(p_2) = 1] = P(M_1) + P(M_2) = 0.301$$

$$P[M(p_3) = 1] = P(M_2) + P(M_5) + P(M_6) = 0.663$$

$$P[M(p_4) = 1] = P(M_3) + P(M_5) = 0.036$$

$$P[M(p_5) = 1] = P(M_4) + P(M_6) = 0.363$$

(2) 令牌的平均数为:

$$N = P[M(p_0) = 1] + P[M(p_1) = 1] + P[M(p_2) = 1] + P[M(p_3) = 1] +$$
$$P[M(p_4) = 1] + P[M(p_5) = 1] = 1.669$$

(3) 单位时间进入系统中的令牌数是 $\lambda = 1.2 \times P[M(p_0)] = 0.361$

(4) 优化后的水产品业务流程平均延时时间 $T = \dfrac{N}{\lambda} = 4.711$

在验证优化前后的业务流程规划合理后,对比优化前后水产品业务流程平均延时时间,可以看出优化后的水产品溯源流程时间性能方面得到了提高,在鲜活水产品流通过程中,减短了时间的消耗,从而在一定程度上降低了溯源业务流程成本。

3.4 水产品溯源系统的信息流链路

将 Petri 网工作流建模技术应用在基于物联网技术的水产品溯源平台的开发中,结合理论基础和水产品流程的特点,依据上一小节优化后的水产品溯源业务流程可知,水产品溯源信息流和物流中的几个关键节点:出塘、拆分包装、配送等环节。这些环节的物流和信息流标识水产品的 RFID 标签信息发生了变化,图 3 - 11 显示了水产品溯源信息流和实物流的链条。

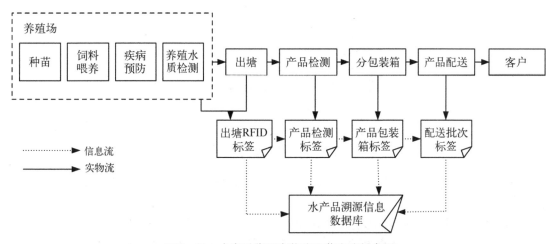

图 3‑11　水产品溯源实物流和信息流链条图

作者团队采用 RFID 识别技术和 EPC 编码作为信息采集和识别的手段,通过手持 RFID 读写器读写 RFID 电子标签和产品配送时打印二维码,完成信息的采集与传递,保证了全过程信息采集的正确性。对水产品溯源业务流程进行了 Petri 网工作流建模,为设计和开发基于物联网的水产品溯源系统提供了模型支持。模型的性能分析为溯源系统的设计和开发提供了有意义的指导信息。同时也使得开发工作变得简单有效,对溯源平台的搭建和信息采集节点的设置都提供了重要依据。

本节针对水产品溯源系统的任务规划,采用了随机时间 Petri 网对模型进行建模,并对模型进行了结构分析,证明模型是正确的、可达的、活性的。接着对模型进行特性分析,针对薄弱和关键环节,进行了优化;对优化后的流程进行重新分析,对比结果显示时间性能大大提高。由于优化措施的可实施性较强,因此根据优化后的水产品溯源业务流程进行水产品溯源系统的信息流的建立。使标识信息和产品形成了完整的信息流程的链路,为基于物联网技术的水产品溯源平台的建设奠定了理论基础。

3.5　水产品溯源系统的 CPN 建模仿真

3.5.1　水产品溯源系统的 CPN 建模

由于上述模型均从理论层面上对水产品溯源系统进行探讨,并没有适合的工具来进行形象的仿真,基于上述原因,采用着色 Petri 网工具 CPN(Colored Petri Nets) Tools(CPN Tools 为计算机上开发的对 CPN 进行编辑、仿真和分析的工具软件),建立了描述系统的 Petri 网工作流的静态模型,并对系统模型的动态行为进行仿真,分析系统的分布、并发、异步等特性,以及建立系统模型的状态空间并分析系统的活性问题、可达性问题等。

依据前面的分析,可以将整个水产品溯源配送流程分为三个部分:配送、拆分包装和提货验收。根据 Petri 网工作流的理论,针对上述所建立的水产品溯源系统 Petri 网模型,对其三个部分采用 CPN 建模仿真,这里给出了颜色集和变量,定义如图 3‑12 所示。

```
▼Declarations
  ▼val n = 2;
  ▼colset PH = index ph with 1..n;
  ▼colset CS = index cs with 1..n;
  ▼var p: PH;
  ▼fun Ch(ph(i)) =
    1`cs(i) ++ 1`cs(if i=n then 1 else i+1);
  ▼fun LCH (ph(i)) =
    cs(i);
▼Monitors
```

图 3 - 12　颜色集及变量

根据前文所述水产品溯源配送的行为描述可以得到图3-13所示的CPN图。它包括了以下组件。

（1）3个代表不同事件的变迁,distribution(配送)、split(拆分包装)、accept(提货验收)。

（2）5个代表不同状态的库所,start(水产品存放在养殖场)、discentre(配送中心)、vip customer(VIP大客户)、normal customer(普通客户)、end(客户接受货物)。

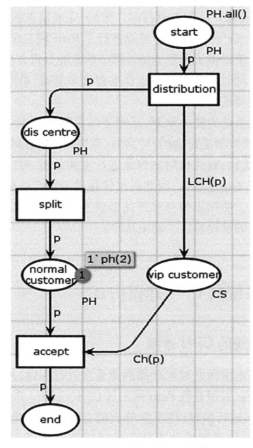

图 3 - 13　水产品溯源的 CPN 模型

3.5.2　仿真结果

利用CPN Tools的状态空间工具对水产品溯源系统Petri网工作流模型进行仿真,得到如下仿真报告,如图 3-14 所示。

```
Boundedness Properties
----------------------------------------------------------------

  Best Integer Bounds
                              Upper      Lower
      Page'dis centre 1          2          0
      Page'normal customer 1     5          3
      Page'vip customer 1        5          1
  Best Upper Multi-set Bounds
    Page'dis centre 1          1'ph(1)++
                               1'ph(2)
    Page'normal customer 1        1'ph(1)++
                               1'ph(2)
    Page'vip customer 1
                            1'cs(1)++
                            1'cs(2)
  Best Lower Multi-set Bounds
    Page' dis centre 1         empty
    Page' normal customer 1      empty
    Page' vip customer 1         empty
Home Properties
----------------------------------------------------------------

  Home Markings
     All
Liveness Properties
----------------------------------------------------------------

  Dead Markings
     None
  Dead Transition Instances
     None
  Live Transition Instances
     All
```

图 3-14 水产品溯源系统 Petri 网工作流模型的仿真报告

仿真结果表明,所建模型满足以下特性。

特性 1 有界性。所建模型有界,并且报告表明了系统对资源的最大和最小需求量。

特性 2 家态。所有标识都是家态,即各个标识都是可达。

特性 3 活性。不存在死标识,所有变迁都是活的。

本章小结

本章针对水产品溯源系统的任务规划,采用了能够提供有效的形式化分析方法的 Petri 网对水产品溯源系统建模并进行优化,然后使用专业 Petri 网仿真工具 CPN Tools 对系统流程进行仿真,通过仿真结果的分析和对比,验证了 Petri 网工作流应用在水产品溯源系统中的通用性以及系统具有活性、有界性和公平性等特性,且无死锁发生,论证了该系统任务规划的合理性;由于采用了优化模型,水产品溯源流程在时间性能方面得到了提高,在鲜活水产品运输中,减少运输时间的消耗。从而在一定程度上降低了运输成本。针对水产品流通存在流通成本高、质量风险大等问题,根据实际水产品业务流和信息流,利用 Petri 网建模,便于计算机形式化表达和优化分析,一定程度上提高了供应链的效率,降低了流通的成本和质量风险,为水产品运输模型的优化提供了一定的参考价值。

参考文献

[1] Dotoli M, Fanti M P, Mangini A, Ukovich W. Identification of the unobservable behaviour of industrial automation systems by Petri nets [J]. Control Engineering Practice, 2011, 19(9): 958 – 966.

[2] Lv Y, Lee C K M, Chan H K, et al. RFID-based colored Petri net applied for quality monitoring in manufacturing system[J]. International Journal of Advanced Manufacturing Technology, 2012, 60(1): 225 – 236.

[3] 颜波,石平,黄广文.基于 RFID 和 EPC 物联网的水产品供应链可追溯平台开发[J].农业工程学报, 2013,29(15): 172 – 183.

[4] 陈翔.基于广义随机 Petri 网的工作流性能分析[J].计算机集成制造系统,2003(5): 71 – 74.

[5] 蔡强,韩东梅,李海生,等.基于知识流优化的业务流程重组[J].华中科技大学学报:自然科学版, 2013(41): 19 – 22.

[6] 姚晓峰.基于着色 Petri 网的工作流建模研究与分析[D].无锡:江南大学,2008.

[7] 徐琨.工作流监控系统的研究与开发[D].上海:同济大学,2007.

[8] 袁红春,丛斯琳.Petri 网的水产品溯源系统模型[J].传感器与微系统,2016,35(9): 42 – 45.

第4章　基于物联网的追溯信息采集方法

　　水产品全程供应链包含多个环节,每个环节对水产品质量安全都有着非常重要的影响和作用,为了实现对水产品的追溯,需要将这些环节的信息进行采集和保存。这些信息主要用于建立水产品信息研究模型和为基于物联网的水产品追溯系统提供数据基础。本章主要分析水产品供应链中养殖、运输和销售环节需要采集的信息以及如何利用物联网技术来采集这些数据信息,并从采集节点和网络传输两个方面给出了保障数据可靠传输的方法。在节点上主要采用莱因达准则对采集到的异常数据进行剔除,从而将异常数据挡在数据传输与存储环节之外。在网络方面主要采用了线性网络编码的方法来提升数据传输的可靠性和最大限度减少数据重传次数。此外,本章还给出了一种基于互相关序列的数据压缩算法以实现对采集数据在传输过程中的压缩。

4.1　养殖环节信息采集

4.1.1　养殖环境

　　我国水产养殖历史悠久,拥有丰富的养殖经验且养殖数量庞大,目前我国的水产养殖经验还在不断积累和提升。改革开放以后,在国家的调控下,水产养殖业得到了很好的发展,确定了以养为主的方针,同时明确了水产养殖的方向。水产养殖迅速遍布全国各地,从传统的养殖基地(如长三角地区等)向全国范围内快速发展。养殖的水产品种类也在不断地增多,从刚开始以养殖贝藻类为主转向以养殖鱼类、虾类为主。水产品的种类从单一化向多样化发展。水产养殖业带动了农村经济的迅速发展。水产养殖业有着巨大的前景,但是根据大量数据显示,每年因为各种病害的影响以及水质的恶化导致经济损失达 150 亿,造成这样的原因不仅仅是环境变化导致的,还有许多人为因素,包括落后的经营模式,但最主要的是水质的恶化。水质的恶化可以导致水产动物大批量死亡,带来严重的经济损失,已成了水产动物疾病爆发乃至大批量死亡的首要因素。

养殖水质受很多因素影响,参数间机理作用复杂,相互影响,以至于水质参数预测、预警一直是水产养殖业急需解决的棘手难题。因此,找到水质参数变化规律,提前对养殖水质参数进行准确的预测预警,严防水质恶化与疾病爆发,已成为我国水产养殖领域亟须解决的问题。

池塘的水底沉积物是池塘水质的主要二次污染源。来自外部污染和池塘养殖的内部污染物(有机污染物、重金属等)通过迁移转化沉积到底泥中,经过时空变化及各种环境因素的影响,污染物又会被转化和释放,从而使积累在底泥中的污染物不断二次污染池塘水质,并且产生生物积累效应,影响水产品质量。养殖水体环境的不断恶化又使鱼病泛滥,使生产者蒙受巨大的经济损失。受污染的水产品在市场上销售,严重危害了消费者的健康,对食品安全造成严重威胁。

4.1.2 养殖环节溯源信息采集过程

水产养殖环节处于水产品供应链的前端,对水产品质量有着极为重要的影响,因此,在该环节需要及时记录数据信息,并且将养殖过程的各项操作内容上传至网络数据库。当水产品出现质量问题时,可以从数据库中检索出该批次水产品在养殖过程中的操作记录,为查找产生水产品质量问题的原因提供参考。作者团队所研发的水产品溯源系统主要记载以下日常管理数据。

(1)水产品基础数据。该类数据记录了水产品的类别、产地及产品名称等,主要作用就是完成水产品静态信息的描述。

(2)养殖环节统计数据。该类数据涉及投苗、喂养、疾病诊治、换池喂养等相关的管理数据。投苗信息主要由养殖品种基本情况、药物使用信息、重金属含量、微生物控制、病虫防治等组成;喂养信息主要由水产饲料基本情况、饲料进出仓信息等组成;疾病诊治信息主要由用药基本情况、鱼药进出仓信息等组成。

(3)水产养殖疫情防治统计数据。在水产品质量环节,最重要的因素就是水产品检测信息,通过水产品数据检测可以得知是否存在安全隐患。涉及的主要环节是水产品投苗、养护和营销,同时将检测出来的信息数据上传到数据库。检测方法有两种,一种是药物残留检测,另一种是水质检测。

(4)相关管理信息统计数据。通过日常信息的统计,可以进一步将安全隐患消除于萌芽状态。日常信息主要由养殖池的数量、水质情况、颜色及病害防治等组成。

由图4-1可知,二维码标签在水产养殖阶段就开始配备到养殖池体,每个养殖池均有一个二维码标签。在水产养殖期间,每个养殖池的养殖信息、投饵数量及药物使用情况等均与该二维码标签关联,并存入数据库。

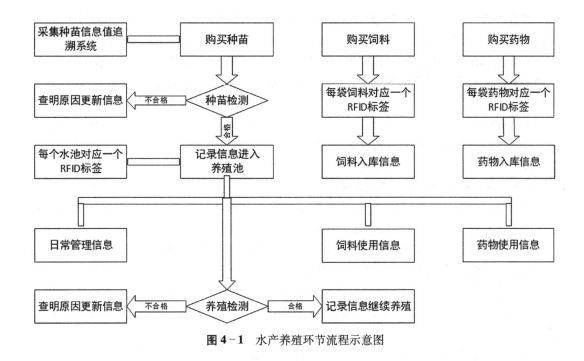

图 4-1　水产养殖环节流程示意图

4.2　水产品运输环境数据采集及压缩方法

4.2.1　水产品运输监测现状

4.2.1.1　国内外具有代表性的研究

在国外,Hafliðason T 等(2012)首先监测并收集了鳕鱼在物流过程中的各种相关数据,包括鳕鱼集装箱和环境实时温度,然后根据不同监测方法制定对应的温度标准,为物流过程中具有时效性的水产品安全提供预警功能,达到辅助决策的目的。其研究让温度标准框架在关于食品实时监控决策系统中有了明显的进步。Raab V 等(2011)对肉类供应链温度监测进行了研究,描述了现有监测肉类温度的几个难题,例如不同部位以及肉类内部温度监测的难题,然后通过前人对温度监控的经验,分析得出了肉类的最佳温度,设计了一套肉类物流链监控系统,为肉类温度监控做出了巨大贡献。Abad E 等人(2009)设计了一套新的冷链物流监控系统,实时监控并记录各类物流中的各种数据,智能化程度非常高,实际应用结果表明,该系统具有可以多次使用、同步读取各种数据、无需人为干预等优点。

在国内,已有较多学者开展冷链物流、水产品运输研究,具有代表性的研究工作如下。

夏俊等(2015)设计了一套水产品智能管理云平台,该平台能通过水产品运输车辆上安装的集成 3G 模块的水质参数传感器,来实时获取运输途中水质的 pH 变化情况。当水质中的 pH 值发生骤变时,水产云平台能根据变化情况分析并将异常状况报告给监管人员,从而预防不法商贩违规添加药品的行为。

袁浩浩等(2014)将 SHT75 数字温湿度传感器与 CC2530 芯片通过 IIC(Inter-Integrated Circuit)总线连接并传输数据,设计了冷链物流中冷藏车上的监测系统,该系统能够实时监测车厢内部的温湿度,并使用 GPRS 模块将传感器采集到的温湿度参数通过 Internet 发送到监测中心。同时,该研究还加入了二维码技术,使得用户在查询追溯信息时更加便利。

王浩(2013)研究了一个食品在冷库环境下的报警系统,能够随时监测冷库的温湿度变化并根据数据标准的设定来进行动态报警,以便及时发现问题并采取相关措施。该系统实用性较强,具有易部署、可扩展等特点。

4.2.1.2　研究尚存在的不足之处

通过分析国内外的研究现状,作者团队发现水产品追溯物流过程中的物联网数据采集系统还不够完善,主要表现在以下几个方面。

(1)采集数据内容比较单一,大部分研究只涉及温度和湿度这两种参数,而对影响鲜活水产品(如大闸蟹、龙虾)质量的其他参数(如氧气、二氧化碳浓度)没有进行监测。

(2)采集节点的分布不够科学,由于水产品个体的差异性,在监测时,不能笼统地只采集整个车厢内部的参数,而是需要对每个小环境——每个运输箱中的环境参数进行采集。

(3)数据采集在无网络的情况下,无法把传感器节点采集到的数据传送至服务器上。在无网络的情况下,需采取离线采集方式,即传感器自己采集然后将采集到的数据暂存在本地,当网络恢复时再上传,这样就能保证无网络时,运输过程的追溯数据不丢失。

(4)数据传输的能量消耗考虑得较少。由于传感器节点的资源严格受限,电池电量的控制决定着无线传感器网络的生存周期,针对水产品运输环节的传输数据压缩研究尚缺乏。

4.2.2　物流环节溯源信息采集过程

运输环境对水产品的保质保鲜有直接影响,因此,实时监测水产品运输环境数据对水产品安全溯源具有重要意义。水产品物流环节需要记录的信息主要有以下 4 种。

(1)水产品运输过程中相关的人员数据信息。该阶段主要记录的是所有与水产品运输过程有关的人员信息。人员对象可能是养殖者,也可能是运营公司,主要包括养殖池责任人、饲料保管人员、水产品运输人等,这些人员信息是水产品在物流环节追溯中所必须记录的。

(2)水产品运输的线路数据信息。该阶段主要记录的是水产运输路线及运输的配套设备。运输路线是进行水产品质量安全追溯的重要环节,所以该环节的数据统计可以确保运输过程安全。运输工具配套设备主要是指配套设备的信息,主要由运输箱种类、型号等组成。

(3)水产品装箱的全部过程数据信息。水产品首先进行分拣装箱后才能出厂,在装箱过程中贴上电子标签,它是水产品在整个运输过程中的唯一身份标记,所以装箱数据(批次、装箱唯一标识等)也与水产品运输过程密切相关。

(4)物流过程中的水产品保鲜数据统计信息。水产品脱离原来的生存环境之后,在运输环节或者是失活后的储藏环节,由于外部环境变化,细菌会入侵水产品的机体,从而导致水产品容易腐败变质。因此,在运输过程中务必要做好运输环境数据的采集。采集的数据主要包括温度、湿度、氧气浓度、二氧化碳浓度等。

图 4-2 显示了水产品运输环节的大致流程,从图可以看出,水产品经过出池检测与捕捞出池后,会将水产品进行等级划分,然后贴上相关信息的 RFID 标签。该标签中记载了相关的信息。名贵品种如蟹类是每单个个体一个标签,然后每箱一个标签;虾类和贝类则是每箱一个标签。包装完毕将水产品的包装信息记录到追溯系统中,为水产品追溯体系的安全性、完整性打下基础。

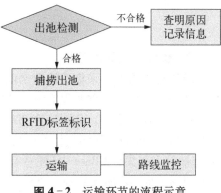

图 4-2　运输环节的流程示意

4.2.3　基于互相关序列的可追溯感知数据压缩算法

基于感知的数据采集方法表明,降低通信能耗是延长采集系统生命周期的一个重要条件,因为传感器网络中节点的能量是有限的。据统计,传感器的 RF(射频)收发器消耗传感器网络中 80% 的能量。因此,有限地使用节点计算能力来压缩感知数据,减少射频模块的工作量,可使传感器网络生命周期延长。

4.2.3.1　压缩算法相关数据分组

1. 相关定义

(1) $\text{Data}_{S_a-I} = (b_I, k_I)$ 为压缩参数,表示所有与 D_I(D_I 为传感器采集的时间序列数据,具体定义可参考本书第二章 2.2 节)相关的序列在其压缩后的存储或传输参数,b_I 和 k_I 分别为相关序列用该序列 D_I 拟合的线性拟合参数。

(2) $\text{Data}_{S_z-I} = (T_{s_I}, T_{e_I}, \text{CoefVec}_I)$ 为序列 D_I 进行分段线性拟合压缩后的存储格式,表示其在时间段 (T_{s_I}, T_{e_I}) 上的压缩参数。其中,T_{s_I} 与 T_{e_I} 分别表示该段拟合压缩区间时间点,CoefVec_I 表示拟合一元线性回归方程的系数向量,即 $\text{CoefVec}_I = (a_0, a_1)$。

节点在发送压缩数据前,在数据中加入自身的节点编号即可发送。

定义 4.1　设 $D_I D_J$ 是两个序列(有限的或无限的,若有限的则它们有相同的序列长度),用 SD 表示这些序列组成的集合。给定的相关性阈值用 CT(Correlation threshold)表示,CT $\geqslant 0$,ρ_{IJ} 表示 D_I 与 D_J 的相关系数,若 $|\rho_{IJ}| > \text{CT}$,则称 D_I 与 D_J 相关,反之则不相关,即

$$\begin{cases} D_I \text{ 与 } D_J \text{ 相关,} & |\rho_{IJ}| > \text{CT} \\ D_I \text{ 与 } D_J \text{ 不相关,} & |\rho_{IJ}| \leqslant \text{CT} \end{cases} \qquad (4-1)$$

定义 4.2　对于 $\forall D_I \in \text{SD}$,与 D_I 相关的序列个数为 D_I 关于 SD 的相关次数 RNum_I。

$$\text{RNum}_I = \sum_{J=1,\, J \neq I}^{M} \lceil \rho_{IJ} - \text{CT} \rceil \qquad (4-2)$$

其中,符号"⌈ ⌉"表示向上取整。其中,M 为 SD 中序列个数。

定义 4.3　对于 $\forall D_I \in \text{SD}$,定义相关系数总和 RSum_I 为采集数据矩阵 SD 中与 D_I 有互相关关系的序列的相关系数之和(此处 CBase 为基集合)。

$$\text{RSum}_I = \sum_{J=1,\ J\neq I}^{M} \rho_{IJ} \qquad (4-3)$$

2. 数据分组基本思想

算法首先将节点采集到的数据依据其中存在的互相关关系进行分组,选出基序列集合;然后依据序列属性的重要程度来对基序列集合中的序列进行排序。

(1) 选择基序列。分别计算 SD 中所有序列的相关次数,若某序列 RNum_I 的相关次数为最大值(表明与其他序列相关度最大)且不为 0(如果为 0 表示与其他序列均不相关),则 D_I 将被放入基集合 CBase 中(注意有可能 SD 中所有序列均不相关,这时 RNum_I 最大值也是为 0,但不能将 D_I 加入 CBase 中)。

$$\text{CBase} = \{D_I \mid \text{RNum}_I = \max,\ \text{且}\ \text{RNum}_I \neq 0,\ 0 < I \leqslant M\} \qquad (4-4)$$

(2) 基序列排序。由于基序列在压缩后的误差会小于其他由基序列表示的序列,且基集合 CBase 中每个序列的相关次数都相等,此时就需要根据数据的重要程度将这些序列进行先后排序,越重要的排序越靠前,这样可以实现越重要的数据在压缩后与原数据差值越小。

排序方法依据序列对应属性的重要程度对基序列中的序列进行排序。利用基序列通过线性变换来表示其相关序列,可在提高压缩比的同时保证重要数据在压缩后尽可能接近压缩前数据。

3. 数据分组算法

根据序列与 CBase 中重要序列间存在的互相关关系,对序列进行分组。

(1) 相关序列分组:若 D_I 为基序列,则与 D_I 有互相关关系的其他序列可与其本身组成一个关于 D_I 的集合 $\text{RSet}_I(I=1,2,\cdots,L)$。其存储格式为 $\text{RSet}_I = \{\text{Base}_I, D_J, D_K, \cdots\}$,表示基序列 D_I 与其相关序列 D_J,D_K 等的集合。

(2) 独立序列分组:SD 中与其他任何序列都不存在互相关关系的序列称为独立序列,这些序列组成的集合用 USet 表示。独立序列集的存储格式为 $\text{USet} = \{D_R, D_S, D_T, \cdots\}$,表示任意两序列之间不存在互相关关系。序列的分组算法过程如表 4-1 所示。

表 4-1　序列的分组算法

算法输入:原始数据矩阵 $\text{SD} = [D_1 D_2 \cdots D_M]$
　　　　　相关性阈值 CT
算法输出:相关序列集 $\text{RSet}_I(I=1,2,\cdots,L)$
　　　　　独立序列集 USet
算法步骤:
　步骤1　for $i=1$:SD 中属性数目
　　　　　计算 RNum_I,建立基集合 CBase
　步骤2　if($\text{CBase} \neq \Phi$)
　　(1) 选取 CBase 中属性重要程度最高的序列为基序列 Base_I
　　(2) 选取 Base_I 的相关序列,得到相关集合 RSet_I
　　(3) SD 中除去 RSet_I 中的序列
　　　　　goto 步骤1
　　　　　else 得到独立序列集 USet
　步骤3　算法结束

4.2.3.2　压缩算法过程

本节介绍一种基于互相关序列的可追溯感知数据压缩算法,该算法主要分为两个阶段。第一阶段,将数据间具有互相关关系的序列进行缩减;第二阶段,通过拟合函数缩短序列长度。

1. 簇内节点

第一阶段,簇内节点对分组过后的 $RSet_I$ 进行压缩。设某一相关序列集合为 $RSet_I = \{Base_I, D_J, D_K\}$(表示基序列 D_I 与其相关序列 D_J, D_K 的集合),令 D_J 和 D_K 的估计值分别为 $\overline{D}_J = b_J + k_J D_I$, $\overline{D}_K = b_K + k_K D_K$,只需分别计算出拟合系数 (b_J, k_J) 与 (b_K, k_K),即实现了对相关序列 D_J 和 D_K 的分类压缩。设 $D_I = (d_{I1} \cdots d_{In})$ 是 $RSet_I$ 中代表序列,以求解 D_J 为例,只需使关于 b_J 与 k_J 的目标函数 Q 的值最小,便可求出 b_J 与 k_J,其中目标函数 Q 为式(4-5)。

$$Q = \sum_{k=1}^{n} (b_J + k_J d_{Jk} - d_{Ik})^2 \qquad (4-5)$$

其中,d_{Ik}, d_{Jk} 分别表示 D_I 与 D_J 的第 k 元素。

要使式(4-5)的值最小,则令 Q 对 b_J 与 k_J 的偏导数为 0,即

$$\begin{cases} \sum_{k} (b_J + k_J d_{Jk} - d_{In}) \times (d_{Jk}) = 0 \\ \sum_{k} (b_J + k_J d_{Ik} - d_{Jk}) = 0 \end{cases} \qquad (4-6)$$

求解此方程组得:

$$\begin{cases} k_J = \dfrac{\left(\sum_k d_{Jk}\right)\left(\sum_k d_{Ik}\right) - \sum_k (d_{Jk} \times d_{Ik})}{\left(\sum_k d_{Ik}\right)^2 - k \sum_k (d_{Ik})^2} \\[4mm] b_J = \dfrac{\sum_k (d_{Jk} \times d_{Ik}) \times \sum_k d_{Ik} - \sum_k (d_{Ik})^2 \times \sum_k d_{Jk}}{\left(\sum_k d_{Ik}\right)^2 - k \sum_k (d_{Ik})^2} \end{cases} \qquad (4-7)$$

由此可得,D_J 中的每个监测值 d_{Jk} 的估计值 $\hat{d}_{Jk}$,即 $\hat{d}_{Jk} = b_J + k_J d_{Ik} (k = 1, 2, \cdots, n)$。

第二阶段,对剩下的完整序列(基序列、独立序列)进行长度缩减。完整序列为时间序列,可以采用一元线性回归拟合方法缩减序列长度。为了使该算法能很好地匹配 WSN 数据的变化特征,将拟合直线的步骤分段进行。

设某基序列为 $D_I = (d_{i1}, d_{i2}, \cdots, d_{ik}, \cdots, d_{in})$,利用最小二乘法将 D_I 中的数据 d_{ik} 加入当前分段 $(d_{i1}, d_{i2}, \cdots, d_{ik})$,并求出该段的拟合方程 $p(x) = a_0 + a_1 x$ 及均方根误差值 RMSE。若 RMSE 值小于设定的拟合误差阈值(Error Threshold, ET),则将该段延长 $(d_{i1}, d_{i2}, \cdots, d_{ik}, d_{i(k+1)})$,重复上述插入过程,直至 RMSE>ET。该分段的拟合结束后,将该段拟合的时间起点 $T_{st} = 1$,终点 $T_{en} = k - 1$ 和压缩参数(即拟合方程的系数向量)CoefVec $= (a_0, a_1)$ 记录下来并存储,原来的压缩数据 $(d_{i1}, d_{i2}, \cdots, d_{i(k-1)})$ 将被丢弃,同时将 d_{ik} 作为下一个分段的起点。对独立序列执行长度缩减压缩时也使用上述方法。算法实现描述如表 4-2 所示。

表 4-2 分段式拟合压缩算法

算法输入：原始数据 $(d_{i1}, 1), (d_{i2}, 2), \cdots, (d_{in}, n)$；

　　　　拟合误差阈值 ET

算法输出：各分段的时间起点 T_{st} 与终点 T_{en}

　　　　压缩参数 CoefVec

算法步骤：

步骤 1　初始化 $T_{st} = 1$

步骤 2　$T_{en} = T_{st} + 1$ //初始段截止时间

步骤 3　if $(T_{en} \leqslant n)$

　(1) 对 (T_{st}, T_{en}) 时间段内数据使用最小二乘法拟合直线，

　　　得到拟合出的一次函数 $p(x)$ 及压缩参数 CoefVec

　(2) 计算 RMSE 值

　(3) if(RMSE < ET)

　　　CoefVec = CoefVec;

　　　$T_{en} = T_{en} + 1$;

　　　//进行下一轮计算

　　　goto 步骤 3

　　　else

　　　$T_{en} = T_{en} - 1$

　　　//当前段拟合结束

　　　保存 T_{st}, T_{en} 和压缩参数 CoefVec

　(4) $T_{st} = T_{en}$ //下一分段开始

　　　goto 步骤 2

　　　else 保存 (T_{st}, n) 时间段的数据

步骤 4　算法结束

---

2. 簇首节点

在 WSN 网络中，距离较近的节点其采集的数据可能差异不大，此时节点与节点之间的数据形成了一种空间冗余，簇首节点可以通过以下方法来消除这种空间冗余性。

假设一个簇内共有 p 个节点。簇首节点针对簇内节点传过来的参数，首先进行解压缩，解压缩的步骤如表 4-3 所示。

表 4-3 簇首节点数据解压步骤

步骤 1　对簇内节点的基序列和不相关序列的拟合进行分段还原

步骤 2　对簇内节点基序列的相关序列进行还原

步骤 3　将还原的 M 个序列重新按照采集顺序进行排列，形成逼近数据 $\overline{SD}$

步骤 4　算法结束

数据解压后 k 节点的逼近数据 $\overline{SD}(k)$：

$$\overline{SD}(k) = [\overline{D}_1(k) \quad \overline{D}_2(k) \quad \cdots \quad \overline{D}_M(k)]$$

$$= \begin{bmatrix} \overline{d}_{11}(k) & \overline{d}_{12}(k) & \cdots & \overline{d}_{1m}(k) \\ \overline{d}_{21}(k) & \overline{d}_{22}(k) & \cdots & \overline{d}_{2m}(k) \\ \vdots & \vdots & \ddots & \vdots \\ \overline{d}_{n1}(k) & \overline{d}_{n2}(k) & \cdots & \overline{d}_{nm}(k) \end{bmatrix} \quad (4-8)$$

簇内节点之间的空间冗余可采用求均值的方法减少数据维度。均值表示的是同一时间 i 不同节点 k 的同一属性 j 的数据的均值，AVE 则表示所有数据关于节点个数的均值。然后对 AVE 进行压缩，压缩方法与簇内节点相同。

$$\text{AVE}_{ij} = \frac{1}{p} \sum_{k=1}^{p} \bar{d}_{ij}(k) \tag{4-9}$$

其中 p 是个常数，是簇内节点个数。

4.2.3.3　实验及结果分析

整个压缩过程中，簇内节点通过对自身采集数据的压缩，可以减少自身的数据发送量和簇首的数据接收量。簇首对簇内数据压缩，降低了簇首节点与汇聚节点之间的通信能耗。因此该算法能够有效减少 WSN 中的数据发送和接收量，从而降低通信方面的能量消耗，让整个网络的运行时间更长。

评价 WSN 中一个压缩算法的好坏主要从压缩比、压缩误差及通信能耗三个方面进行。

压缩比：由压缩后的总数据量与压缩前总数据量的比值来表示

$$\text{压缩比} = \frac{\text{压缩后的总数据量}}{\text{压缩前的总数据量}} \tag{4-10}$$

压缩误差：即均方根误差（RMSE）。由压缩后数据 $\bar{X}$ 与实际数据差值 X 的平方的平均值的平方根

$$\text{RMSE} = \sqrt{\frac{(\bar{X} - X)^2}{N}} \tag{4-11}$$

网络的能耗主要包括：节点唤醒与休眠状态转换的能耗、收集数据时的采集能耗以及交换数据时产生的射频发射接收能耗。其中，数据压缩对数据采集及节点唤醒/休眠消耗的能量没有影响，并且这三种能耗相对通信能耗来说非常低，可以不用参与能量消耗计算。因此，通信能量的变化情况反映了压缩方法的好坏。压缩前后的通信能耗如下（E_{UC} 表示压缩前通信能耗，E_{C} 表示压缩后通信能耗）：

$$\begin{cases} E_{\text{UC}} = E_{\text{TX}}(L, d) + E_{\text{RX}}(L) \\ E_{\text{C}} = E_{\text{TX}}(L \times r, d) + E_{\text{RX}}(L \times r) \end{cases} \tag{4-12}$$

其中 E_{TX} 为发送能耗，E_{RX} 为接收能耗，L 为压缩前的数据长度，d 为节点间的通信距离，r 为压缩比。

式（4-13）为两节点间的通信能耗，若 WSN 中有 N 个节点，其中簇首节点的个数为 K，则压缩前（E_{UCT}）后（E_{CT}）传感器网络的通信能量消耗为

$$E_{\text{UCT}} = \sum_{i=1}^{N} E_{\text{TX}}(L, d_i) + \sum_{i=1}^{N-K} E_{\text{RX}}(L)$$

$$E_{\text{CT}} = \sum_{i=1}^{N} E_{\text{TX}}(L \times r_i, d_i) + \sum_{i=1}^{N-K} E_{\text{RX}}(L \times r_i) \tag{4-13}$$

4.3　水产品销售环节与出境信息追溯

4.3.1　销售环节信息追溯

水产品销售是水产品溯源过程中的重要环节,该环节主要由水产品销售,水产品配件等信息构成。当消费者购买或者消费水产品时,所表达出来的意愿是希望水产品不存在质量安全问题,完成水产品的购买程序后,销售商根据水产行业规定的标签包含信息从数据库中心选择相应的信息,根据第二章节提出的 QR 编码方法生成防伪二维码标签,避免了仿制标签的现象。消费者通过扫描二维码图片,得到追溯号以及简要的水产品信息和查询网站的地址,登录到平台中的查询界面,输入唯一的追溯号即可显示供应链中的所有信息,实现了水产品从种苗到餐桌整个供应链的完全透明,如图 4-3 所示。

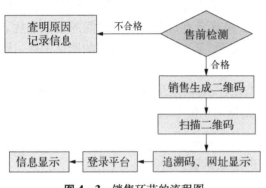

图 4-3　销售环节的流程图

4.3.2　出境水产品信息追溯

4.3.2.1　批次的确定

我国作为水产品出口大国,为确保出境水产品的可追溯性,保证不合格产品的及时召回,对于所有出口水产品卫生注册企业加工出境的水产品按照批次进行追溯。批次的确定主要分为以下几点。

1. 原料批

同一时间收购,在同一捕捞区域(海区、水域或养殖池等)或者同一批进口原料,同一品种的为 1 个原料批,具体包括以下四种原料。

(1)海洋捕捞原料:以收购的每一船次为 1 个原料批。

(2)养殖原料:以注册登记备案的同一养殖场或同一养殖塘(网箱)为 1 个原料批。

(3)淡水捕捞原料:以同一水域为 1 个原料批。

(4)来(进)料加工原料:以进口报检的同一"卫生证书"同一品种为 1 个原料批。

2. 生产批

同一天、同一车间或同一生产线加工的同一原料批加工的产品为 1 个生产批。

3. 报检批

以同一份报检单报检(出证)的同一品种的水产品为 1 个报检批。

4. 并批原则

经检验合格,不同批次代码的同一品种的产品可以并批。

5. 不重复原则

同一生产加工企业、同一品种的产品识别代码不得重复。

4.3.2.2　识别代码的确定

1. 原料批识别代码的确定

每 1 个原料批确定 1 个原料识别代码,用"数字+字母"表示:AAAB。AAA:表示原料收购流水号,1 年为 1 个流水周期编号。加工企业可根据本企业的年收购批量确定流水号的位数,一般至少为 3 位数。B:表示原料的性质,原料的性质分以下 4 种。

（1）海洋捕捞原料用"H"表示。

（2）养殖原料用"Y"表示。

（3）淡水捕捞原料用"D"表示。

（4）来(进)料加工原料用"J"表示。

如:某一企业收购的第 3 批海捕原料表示为 003H。

2. 生产批识别代码的确定

（1）在原料批识别代码前加生产日期(年月日),如 030725003H 表示 2003 年 7 月 25 日生产的第 3 批海捕原料的产品。

（2）如在产品加工过程中有不同批号原料并批的,以批量大的原料批代码前加生产日期表示,其余原料批号在生产加工记录上标明。

3. 报检批识别代码的确定

以企业向检验检疫部门报检的批次数流水号表示,一般为 3 位数,以 1 年为 1 个周期。如 101,表示当年该企业的第 101 个报检批。

当产品出现不合格时,应通过产品识别代码从成品到原料每一环节逐一进行追溯,追溯途径是:出口卫生证书—报检单—报检批清单—生产加工记录—原料验收记录—原料收购来源,如为海捕原料可追溯到船;如为养殖原料可追溯到养殖场或塘;如为淡水捕捞原料可追溯到捕捞区域;如为进口原料可追溯到进口批的有关信息。

企业应通过建立以原料批为单元的产品流向登记记录,以便从原料追溯到产品,查找到不合格产品的去向,并及时召回不合格产品。通过追溯,可用查阅该批产品的相关记录等手段分析不合格的原因,采取有效整改措施。

4.4　采集数据的传输可靠性研究

由于传感器节点低功耗和低成本的限制,传感器节点的通信能力相对较弱。首先节点采用蓄电池供电,虽加上太阳能,但电源能量还是受到很大的限制。其次,通信距离能力受到限制,由于供电模块受限,所以无法采用大功率的通信设备。最后,节点的存储能力和计算受到限制。

因此在恶劣的环境中长期工作的应用需求和受限的节点能力对无线传感器网络系统的可靠性形成了很大的挑战,主要包括两个层面。

一是系统层面。如何对某个节点一段时间内采集的数据进行分析,发现有异常数据并将异常数据挡在 WSN 数据存储与转发的环节之外是需要解决的问题。

二是网络层面。由于无线通信链路高失效率、节点资源受限以及水面环境的影响,使得水质环境监测系统中无线传感器网络的数据传输可靠性难以得到保障。因此如何可靠地将采集节点采集的环境数据传送至汇聚节点,进而传送至远程监控中心是需要解决的问题。

下面分别从网络层面和系统层面进行分析并提出解决方案。

4.4.1 采集节点数据可靠性研究

异常数据的存在,影响了水质环境监测系统无线传感器网络的正常运行,同时消耗了节点大量的能量。本节通过对实时监测的数据进行分析提出切实可行的剔除异常数据的可靠方法。

4.4.1.1 实验数据分析

下面的数据是课题组的实验室实际部署的编号为1号的采集节点在一段时间内采集的温度数据,由表4-4可以看出,其中两次采集的数据是异常数据,如表4-4中的第4次和10次采集的数据明显比其他数据大很多,可以视为异常数据。

表4-4 实验室1号节点采集的温度数据

1号采集节点在一段时间内采集的16次温度数据抽样/℃							
1次	2次	3次	4次	5次	6次	7次	8次
23.80	23.90	23.50	1 253.12	24.80	24.90	25.10	25.20
9次	10次	11次	12次	13次	14次	15次	16次
25.30	1 999.21	25.80	25.30	24.70	24.00	23.90	23.70

由表4-4可以看出一般前后两次采集的数据差值不超过1。异常数据1 253.12与其他数据的差值扩大到了600以上,根据采集数据的变化特征,设计的算法要能够自适应地剔除异常数。数据显示异常数据和正常数据是具有分布特性的,所以可将均方差作为异常数据的判断和识别方法。

异常数据的数值与正常采集的传感器数据存在显著的误差,如图4-4所示,将采集节点获取的一段时间内的数据用曲线表示的话,可以看到在呈现线性变化的数据中,当有异常数据存在时,会出现明显的波峰。

可在采集节点增加判断某时刻采集数据是否为异常数据的算法,以自适应的方式准确地判断异常数据的存在并剔除。

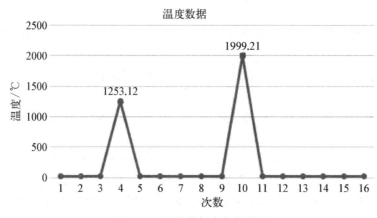

图4-4 温度数据变化折线图

传感器节点根据其前后时间点采集到的环境数据差值大小可以分为慢变数据和非慢变数据,其中慢变数据的环境数据表现为前后采集到的数据差值较小。在水环境监测系统无线传感器网络采集参数如温度、盐度等都是慢变数据,传感器节点要采集的数据是一个随时间而变化的函数。针对每个具体的时间点,令传感器节点采集的环境数据是随机变量 X,它是服从正态分布,均值为 u_t,方差为 σ_t^2,即 $X_t \sim (u_t, \sigma_t^2)$,其中 u_t 就是 t 时刻的采集量。

均方差是采集节点某时刻采集的环境数据与平均数的距离的平均值,它是方差的算术平方根,用 σ 表示。均方差能反映某一段时间内监测数据的离散程度。均值相同的,均方差不一定相同。

求均方差 σ:对于采集节点一段时间内的采集参数值为 X_1,X_2,X_3,$\cdots$,X_t,$\cdots$,X_n,先求的算术平均值为 $\bar{X} = \dfrac{1}{n} \sum_1^n X_t$。

$$方差 \mathrm{VAR} = \frac{1}{(n-1)} \sum_1^n [X_t - \bar{X}]^2$$

$$均方差 \sigma = \sqrt{\mathrm{VAR}}$$

根据概率论统计,当误差服从正态分布时,误差大于 3σ 的采集数据出现概率小于 0.003,即在大于 300 次的采集数据才有 1 次可能。因此可采用莱因达准则(亦称 3σ 准则)进行剔除。

判断依据如下(由前面分析 $X_t - \bar{X}$ 符合正态分布)

$|X_t - \bar{X}| > 3\sigma$,则 t 时刻采集的数据为异常点,应予舍弃。

$|X_t - \bar{X}| \leqslant 3\sigma$,则 t 时刻采集的数据为正常数据,应予保留发送。

4.4.1.2　过滤算法

依据水温判断采集节点的异常数据是一个渐变的过程,同时同一节点采集的数据具有时间相关性。由于水的前一天和后天的温度的 $\bar{X}$ 变化不大,在每天的凌晨计算当天的 $\bar{X}$,同时计算 σ。如果某采集节点某时刻采集的温度数据 $|X_t - \bar{X}| > 3\sigma$,则认为此时刻数据是异常数据,应对此数据做舍弃处理,如果某采集节点某时刻采集的温度数据 $|X_t \bar{X}| \leqslant 3\sigma$,则该数据不是异常数据,节点控制系统对

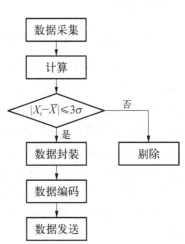

图 4 - 5　剔除算法示意图

采集的数据进行封装、编码与发送操作。算法流程如图 4 - 5 所示。由于该算法的时间复杂度为 $o(n)$,非常适用于受资源限制的无线传感器网络节点异常点的剔除。

4.4.1.3　实验验证

将该过滤算法应用到采集节点的软件系统中,在监控中心的系统中异常点剔除的数据用前后两个采集时间点的平均来替换。实验对象为课题组实验室的一个传感器节点,实验数据为该节点采集的温度数据,其中某一天的温度数据变化折线如图 4 - 6 所示。

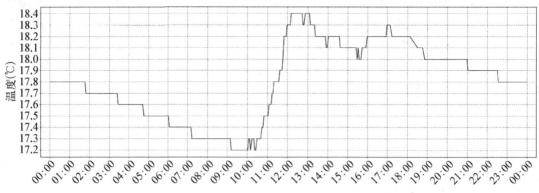

图 4-6　实验室 24 小时温度变化折线图

为了验证算法的实际应用效果,将该过滤算法应用到了本课题组开发的水环境监测无线传感器网络节点系统中,从结果来看,异常数据被有效地挡在了无线传感器网络数据存储和发送环节。这样既节约了传感器节点的存储空间,又消除了对异常数据传送的能耗,从而提高了整个监测系统的数据传输的可靠性。

节点系统应用过滤算法后,采集的数据其时间相关性将更加明显。由于采集的水环境数据存在了冗余性,因此该算法在提高数据传输可靠性的同时,也符合压缩算法应用的环境,是一种有实际应用价值的算法,特别是在采集水环境数据时有较多干扰的情况下使用,优势会更加明显。

4.4.2　网络层面数据可靠性研究

传统的数据传输的可靠性主要是依靠多路径传输机制和 ARQ(Automatic Repeat-reQuest)重传机制,它们通过增加大量的冗余来实现。多路径传输机制要在源节点和汇聚节点之间创建多条路径,将相同数据沿着不同的路径传输,只要其中一条传输成功就完成任务。ARQ 重传机制则重点在每一条的传输过程中可能需要多次重复传输数据,还可能导致延时较长。但对于传感器节点而言,由于自身能量有限,而且不能得到补充,一旦能量耗尽,这个节点也就失效了,因此有效地利用这有限的能量非常重要,而这两种方法由于大量的数据冗余的产生,传感器的能量的消耗主要是在数据的传输过程中,大量冗余数据的传输将严重消耗有限的传感器能量,一旦个别节点失效,导致传感器网络对周边信息检测能力的减弱。

4.4.2.1　网络编码理论

网络编码是从信息论的角度出发,融合了编码的信息交换技术和路由技术,它突破了传统网络中信息处理方式。

2000 年,香港中文大学的 Ahlswede 等信息理论学者发表了一篇论文 Network Information Flow,来挑战传统通信网络中路由器存储与转发数据包的基本思想。论文首次提出网络中的中间节点可以对接收的数据包进行处理后再进行转发,不需要受限于对这些数据包的重发。

这些研究者以"蝴蝶网络"模型研究为例,通过对网络中的中继节点进行网络编码,可以实现多播路由传输的最大流界,同时提高了信息的传输效率,从而提高网络数据传输的可靠性。

如图 4-7 所示的蝴蝶网络,它是一种无差错、无时延的网络。源节点 S 将数据包 a 和 b 发送到目的节点 t_1 和 t_2,r_1 到 r_4 均为路由节点,此外网络中的每一条边的通信量为 1 个数据包。图 4-7(a)中显示了传统路由方式。由最大流最小割定理可以得出源节点 S 到两个目的节点 t_1 和 t_2 的最大流分别为 2。但由于在链路 $r_3 \rightarrow r_4$ 每次只能传输一个数据包,因此数据包 a 和 b 每次只能有一个被转发,从而目的节点 t_1 和 t_2 不能同时受到源节点发来的信息。显然在传统路由方式无法达到多播的最大流限。图 4-7(b)中允许节点 r_3 对 a 和 b 进行网络编码(如异或编码)后的结果转发出去的多播方案。这样目的节点 t_1 和 t_2 能够通过将各自接收的信息进行解码操作从而同时获得 a 和 b。通过中间节点网络编码的方法达到了网络多播的最大流限,从而提高目的节点接收数据的可靠性。

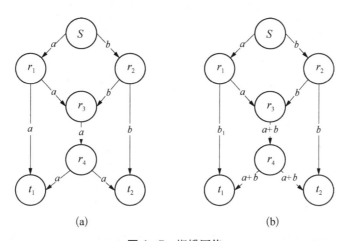

图 4-7　蝴蝶网络

(a) 传统路由方式　(b) 网络编码方式

4.4.2.2　基于线性网络编码的数据传输可靠性研究

网络编码方案一般分为线性与非线性两种,线性方法的编码与解码相对简单,在算法分析设计上又包含确定性编码和随机编码两种类型,确定性编码在网络节点编码时需要了解全网的路由信息,从而导致编码和解码的复杂度较高,不适于网络拓扑结构多变的无线传感器网络中。由于水质环境监测系统中无线传感器网络节点存储和计算能力的限制,可采用线性编码方案。

网络编码的核心思想是利用中间节点的线性运算能力,在采集节点随机线性编码构成不同编码系数的数据包,汇聚节点获得足够线性无关的编码组合后,通过求逆运算还原原始采集数据包信息。可见,在丢包率较高的水质环境监测系统中利用网络编码可实现减少数据包重传次数的目的。

图 4-8 是水质环境监测系统的网络模型(假定该网络有 5 个中继节点),在水质环境监测系统中,由于采集节点一般部署在离岸较远的地方,采集节点要想发送一次采集的数据给汇聚节点,需要借助中继节点来完成通信。采集节点附近有 5 个中继节点可以将数据包转发给汇聚节点。由于水上恶劣环境导致链路失效率高,假设采集节点和中继节点的丢包率是 $p(p<1)$,中继节点和汇聚节点的丢包率是 $q(q<1)$。使用 ZigBee 协议,采集节点选择一条

最佳路径来完成它到汇聚节点的传输。但由于所有的路径都是有损的,因此每个数据包成功发送到汇聚节点的概率为 $(1-p) \cdot (1-q)$。

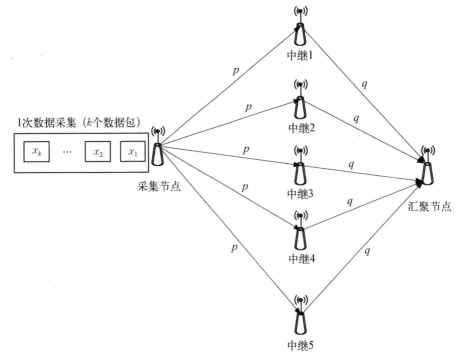

图 4-8 利用网络编码提高水质环境监测数据传输的可靠性模型

一个更好的方法是利用空间分集来提高采集节点的吞吐量。采集节点广播发送数据包,所有监听到的中继节点都可以把数据包转发给汇聚节点。这种方法在图 4-8 所示的网络中,可将一个数据包被成功发送给汇聚节点的概率由 $(1-p) \cdot (1-q)$ 提高到 $1-[1-(1-p) \cdot (1-q)]^5$。

然而只分集不编码会导致另一个问题,即可能会有多个中继节点监听到同一个数据包并都尝试将该数据包转发给汇聚节点,这将导致无线传感器节点能耗的浪费。

把空间分集和网络编码组合到一起可以解决水质环境监测系统数据可靠性问题,具体的编码方式为:首先采集节点将一次采集的水质环境数据分成数据包 $x_1, x_2, x_3, \cdots, x_k$,在有限域上选取系数 t_{ij} 随机线性合成 N 个数据包 $y_1, y_2, y_3, \cdots, y_N(N \geqslant k)$ 并发送到无线传感器网络其他路由节点(中继节点)。

$$y_i = \sum_{j=1}^{k} t_{ij}x_j; \ i = 1, \cdots, N \qquad (4-14)$$

在传输路径上的中继节点 R,假设收到 M 个数据包 $x_1', x_2', x_3', \cdots, x_M'$,记 $s_{i1}, s_{i2}, \cdots, s_{ik}$ 表示 x_i' 所携带的编码向量,即

$$x_i' = s_{i1}x_1 + s_{i2}x_2 + \cdots + s_{ik}x_k; \ i = 2, \cdots, M \qquad (4-15)$$

为了降低线性相关的数据包数量,在中继节点 R 通过求秩得出线性无关数据包 M'。

$$M' = \text{rank}(s_{ij}); \ i = 1, \cdots, M; \ j = 1, \cdots, k \tag{4-16}$$

令 y_1^R, y_2^R, $\cdots$, $y_{M'}^R$ 表示节点 R 输出的环境数据包,c_{ij}^R 也是随机编码系数,表示为

$$y_i^R = \sum_{j=1}^{M} c_{ij}^r x_j^R; \ i = 1, \cdots, M' \tag{4-17}$$

令 $(l_{i1}^r, \cdots, l_{ik}^r)$ 表示 y_i^R, $i = 1, \cdots, M'$ 的编码向量。因此有

$$l_{i1}^r = \sum_{t=1}^{M} c_{il}^R s_{ij}; \ j = 1, \cdots, k \tag{4-18}$$

当汇聚节点收到 K 个线性独立的编码数据包 y_1^s, y_2^s, $\cdots$, y_K^s 时,只有他们的编码向量矩阵为满秩,即为 K,即可通过高斯消去法解码采集节点传输的数据信息,即

$$\begin{pmatrix} x_1 \\ x_2 \\ \vdots \\ x_K \end{pmatrix} = \begin{pmatrix} l_{11}^r & l_{12}^r & \cdots & l_{1k}^r \\ l_{21}^r & l_{22}^r & \cdots & l_{2k}^r \\ \vdots & \vdots & & \vdots \\ l_{K1}^r & l_{K2}^r & \cdots & l_{Kk}^r \end{pmatrix} \begin{pmatrix} y_1^s \\ y_2^s \\ \vdots \\ y_K^s \end{pmatrix} \tag{4-19}$$

汇聚节点解码出整个一次采集的数据就立刻广播确认消息,以通知中继节点停止发送。

由于水质环境监测无线传感器节点传输水质参数要比执行计算更消耗能量,传感器节点间距离 100 m,传输 1 bit 数据量需要的能量大约等于传感器节点执行 3 000 条计算指令消耗的能量,所以采用网络编码和空间分集保证数据传输可靠性的同时又降低了能耗。

传统的保障无线传感器网络数据可靠传输的方法大部分采用增加传输冗余来提高数据传输的可靠性,然而这类方法会造成能效降低,同时缩短了网络生命周期。将线性网络编码运用到水质环境监测系统中,有效地降低了对单一链路的依赖,减少了链路失效带来的影响。

本章小结

基于前面章节的理论分析,从水产品的供应链流程出发,依托物联网技术对溯源体系的养殖、运输和销售环节等主要流程的信息采集进行了分析。水产养殖环节处于水产品供应链的前端,对水产品质量有着极为重要的影响,因此,在该环节需要及时记录数据信息,并且将养殖过程的各项操作内容上传至网络数据库;水产品运输环节数据对追查水产品的安全质量问题有着至关重要的意义,水产品运输环节主要记录的信息有水产品运输人员的相关数据信息、水产品运输的线路数据信息、水产品运输使用的运输工作及配套设备、水产品装箱的全部过程数据信息和物流过程中的水产品保鲜程度;水产品销售是水产品追溯过程中的重要环节,该环节主要由水产品销售、水产品配件等信息构成。本章的最后还对采集数据的传输可靠性进行了研究。

参考文献

[1] 袁晓萍.基于 RFID 的水产品追溯系统的研究与实现[D].青岛：中国海洋大学,2011.

[2] Hafliðason T, lafsdóttir G, Bogason S, et al. Criteria for temperature alerts in cod supply chains[J]. International Journal of Physical Distribution & Logistics Management, 2012, 42(4)：355－371.

[3] Raab V, Petersen B, Kreyenschmidt J. Temperature monitoring in meat supply chains[J]. British Food Journal, 2011, 113(10)：1267－1289.

[4] Abad E, Palacio F, Nuin M, et al. RFID smart tag for traceability and cold chain monitoring of foods：Demonstration in an intercontinental fresh fish logistic chain[J]. Journal of Food Engineering, 2009, 93(4)：394－399.

[5] 夏俊,凌培亮,虞丽娟,等.水产品全产业链物联网追溯体系研究与实践[J].上海海洋大学学报,2015,24(2)：303－313.

[6] 袁浩浩,蒋联源,张联盟.基于 WSN 的冷链物流监控溯源系统[J].物流技术,2014,(11)：369－371.

[7] 王浩.基于 ZigBee 技术的食品冷库环境监测报警系统设计[J].泰山学院学报,2013,35(6)：58－64.

[8] 刘臻,袁红春,梅海彬.面向水产品溯源的运输环境多参数实时监测系统[J].山东农业大学学报(自然科学版),2017,48(2)：297－302.

[9] R Ahlswede, C Ning, S Y R Li, et al. Network information flow[J]. IEEE Transactions on Information Theory, 2000, 46(4)：1204－1216.

[10] 王媛,蔡友琼,徐捷.国内外可追溯体现状及我国水产品可追溯存在的问题[J].中国渔业质量与标准.2012,2(2)：75－78.

[11] 李琳娜,陈文,宋译,等.水产品质量安全及溯源系统的建立与应用[J].中国水产,2010,(3)：11－13.

[12] Jian-Ping Qian, Xin-Ting Yang, Xiao-Ming Wu, et al. A traceability system incorporating 2D barcode and RFID technology for wheat flour mills [J]. Computers and Electronics in Agriculture. 2012,(89)：76－85.

[13] 唐聃.四川农业物流供应链跟踪追溯系统的关键技术研究[D].成都：四川师范大学,2011.

[14] 杨帆.基于二维码的果品质量追溯系统设计与实现[D].西安：西安电子科技大学硕士学位论文,2010.

[15] 高九连.面向可追溯的物联网数据采集与建模方法研究[J].计算机光盘软件与应用,2014,(17)：39－40.

[16] 齐林,韩玉冰,张小栓,等.基于 WSN 的水产品冷链物流实时监测系统[J].农业机械学报,2012,43(8)：134－140.

[17] 张国祥,杜律,陈云洽.面向 ZigBee 的数据压缩算法研究[J].微计算机信息,2009,(6)：135－136.

[18] 曾子剑.基于 QR 二维码编解码技术的研究与实现[D].成都：电子科技大学,2010.

第 5 章　水产养殖环境参数预测模型研究

溶解氧(Dissolved Oxygen)和氨氮(Ammonia Nitrogen)在水体中的含量能够反映出水体的污染程度、生物的生长状况,是衡量水质优劣的重要指标之一。水产养殖过程中监测溶解氧和氨氮含量,并且预测其变化趋势对水产养殖有着重要意义。本章以溶解氧和氨氮这两种水产养殖环境参数为例,给出了四种构建水质参数预测模型的方法:① 使用改进型递归二乘 RBF 神经网络构建溶解氧预测模型的方法;② 利用时间序列理论基于 ARIMA‑DBN 组合模型构建溶解氧参数预测模型的方法;③ 利用主成分分析法与 TSNN 神经网络构建溶解氧预测模型的方法;④ 利用主成分分析法与 NARX 神经网络构建氨氮预测模型的方法。

5.1　基于 RBF 神经网络的溶解氧预测模型研究

5.1.1　数据来源与格式

本研究在构建溶解氧水质参数的预测模型时,采用的数据由多参数水质实时监测系统(该系统由本研究团队自行研发)获得。该监测系统通过在监测水域布设多个传感器采集节点来进行水质环境信息的实时采集。采集节点的微处理器对采集数据进行处理,并通过无线通信模块以多跳中继方式送到汇聚节点。汇聚节点对采集节点采集的水质数据进行转化处理,将有用的数据传送到监测系统的数据服务器上,最终实现对数据的查询、预警预报等。多参数水质实时监测系统的大致框架如图 5‑1 所示。

根据 2.3.2 节溶解氧及与其相关水质参数的分析,采用水温(TEMP)、pH 值、盐度(SAL)和氧化还原电位(ORP)这 4 种水质变量对溶解氧(DO)的值进行预测,表 5‑1 为构建模型时用到的部分训练数据及其格式,TEMP 的单位为摄氏度,SAL 的单位为 ppt(part per thousand),ORP 单位为 mV,DO 的单位为 mg/L。这些水质参数值均为监测系统采集的实际值。其中温度、pH、盐度和氧化还原电位的值是训练样本的输入值(特征值),溶解氧值是训练样本的输出值(标签值),通过优化的 RBF 神经网络训练这些数据得到非线性拟合方程。

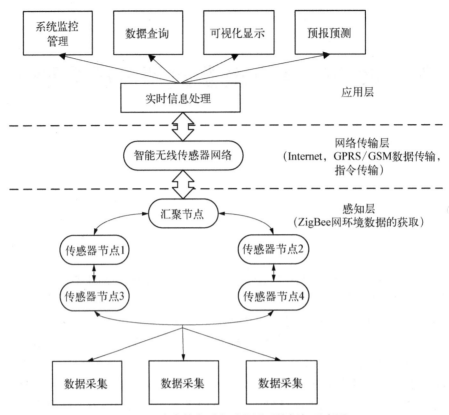

图 5-1　多参数水质实时监测系统框架示意图

表 5-1　训练数据的格式

TEMP	pH	SAL	ORP	DO
17	7.99	0.01	81	9.5
17.2	7.98	0.01	81.2	9.44
17.6	7.98	0.01	90.9	9.34
17.5	7.99	0.01	84.2	9.35
17.5	8.07	0.23	435.3	9.74
17.5	8.08	0.23	436.3	9.89

表 5-2 中为部分测试数据及其格式,将这些测试样本输入到训练好的模型中,可得出溶解氧的预测值。

表 5-2　测试数据的格式

TEMP	pH	SAL	ORP
18.3	8.99	0.58	266.7
18.4	8.99	0.58	263.2

TEMP	pH	SAL	ORP
18.8	9	0.5	262.5
19	9.25	0.55	237.8
20.1	9.24	0.53	246.7

5.1.2　数据集及预处理

模型构建和测试所采用的水质数据集为多参数水质实时监测系统于 2014 年 4 月 15 日到 4 月 30 日采集到的数据,采集间隔为每两个小时一次,共采集到 202 条数据。研究时将这些水质数据集中的 182 条作为训练集,20 条作为测试集,数据集中的部分样本数据如表 5-3 所示。为了提高溶解氧预测模型的准确度,在建模之前,需要将数据集进行归一化的预处理。

表 5-3　水质数据集

TEMP	pH	SAL	ORP	DO
17	9.45	0.54	169	12.84
16.8	9.37	0.53	170.1	12.01
16.9	9.4	0.52	168	12.3
17.8	9.47	0.53	190.3	13.06
18.9	9.49	0.53	197.7	13.3
18.2	9.46	0.5	221.4	12.67
17.7	10.01	0.51	215.9	11.42
17.3	9.07	0.55	285.2	9.95
17.4	9.09	0.54	273.6	0.7
19	9.25	0.55	237.8	12.65
18.4	9.19	0.56	277.4	12.18
20.2	9.37	0.53	244.7	13.87
…	…	…	…	…
19.7	9.36	0.53	256.6	13.93
17.9	9.14	0.55	286.4	11.77
18	9.42	0.49	234.3	12.12

归一化时采用 MATLAB 中的 mapminmax 函数,它有"apply"和"reverse"两种归一化模式。"apply"模式将水质数据值映射到[-1,1]区间内,"reverse"模式可将变换后的数据转换回去。该算法表示为

$$y_k = (y_{\max} - y_{\min}) \frac{x_k - x_{\min}}{x_{\max} - x_{\min}} + y_{\min} \qquad (5-1)$$

在式(5-1)中，x_k 为第 k 个输入样本，y_k 为第 k 个输入样本 x_k 的归一化值。$x_{\max}$ 为输入样本中的最大值，$x_{\min}$ 是输入样本中的最小值。$y_{\max}$，$y_{\min}$ 分别为 1 和 −1。

5.1.3 模型预测结果分析与比较

5.1.3.1 改进模型的溶解氧预测结果分析

图 5-2 为基于改进型递归二乘 RBF 神经网络所构建的溶解氧预测模型(为表述方便，简称改进模型)对测试数据的预测结果，图中显示了改进模型的溶解氧预测输出值与期望输出值的对比。图中横坐标是测试样本的序号(共 20 条样本)，纵坐标是溶解氧的预测浓度值。从图可以看出优化预测模型具有良好的逼近精度。

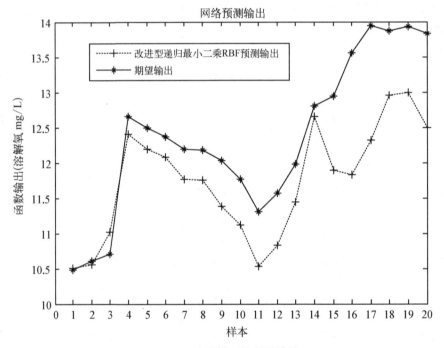

图 5-2　改进模型的预测结果

表 5-4 列出了网络隐层节点数目和均方误差之间的关系。网络隐层节点数目分别为 24~35，与表中所列出的均方误差一一对应。通过表可以得出，溶解氧的预测输出值与网络隐层节点的数目存在关联，当隐层节点数为 30 时，均方误差最小。网络隐层节点数目过大或者过小，都会使得溶解氧预测模型预测结果不稳定。

表 5-4　隐层节点数与均方误差

节 点 个 数	均 方 误 差	节 点 个 数	均 方 误 差
24	0.661 2	26	0.665 8
25	0.674 0	27	0.678 9

节 点 个 数	均 方 误 差	节 点 个 数	均 方 误 差
28	0.664 2	32	0.656 1
29	0.659 3	33	0.697 2
30	0.577 6	34	0.705 6
31	0.645 3	35	0.722 5

5.1.3.2　改进模型的溶解氧预测结果对比分析

对比结果如图 5-3 所示,图中显示的预测曲线是三种溶解氧预测模型的输出值,分别为 RBF 神经网络预测模型、改进型最小二乘 RBF 预测模型和递归最小二乘法预测模型的溶解氧输出值。从图中可以看出递归最小二乘法优化后的 RBF 神经网络比 RBF 神经网络在溶解氧预测方面具有更高的精度,而在这三种模型中,改进型递归最小二乘 RBF 神经网络模型的预测精度最高。

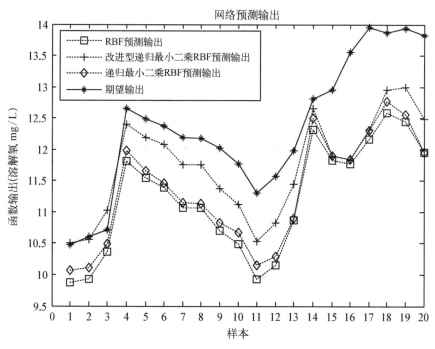

图 5-3　模型的预测结果对比

图 5-4 显示了上述三种预测模型的预测误差值。图中横轴为测试样本的序号,纵轴的值表示三种溶解氧预测模型的预测值和期望输出值之间的误差。对比图中三种预测模型,可以看出改进最小二乘法 RBF 神经网络预测值对于溶解氧的预测误差最小,与期望的溶解氧输出值最接近,具有最好的逼近精度。

表 5-5 列出了三种预测模型在选择不同隐层节点数情况下的平均运行时间、预测的准确率以及预测误差。显然,由于改进型递归最小二乘算法在网络训练过程中对网络隐层到输出层的权值进行了局部修改,改进模型具有更短的运行时间。在预测精度方面,由于改进

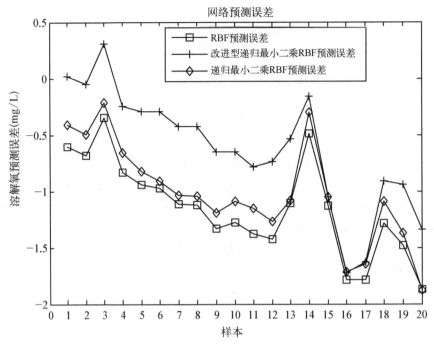

图 5-4　模型的预测误差对比

模型减少了多重数据的相关性,从而改进模型的预测误差也总是小于另外两种模型。因此,改进型递归最小二乘法 RBF 神经网络溶解氧预测模型具有更好的逼近精度。

表 5-5　模型的平均运行时间和预测结果的对比

算　法	平均运行时间/s	隐层节点数	准确率/%	预测误差
Improved_rls	2.33	27±2	95.2	0.606
rls	3.43	27±2	94.1	0.689
RBF	3.67	27±2	93.3	0.75
算　法	平均运行时间/s	隐层节点数	准确/%	预测误差
Improved_rls	1.98	32±2	95.8	0.588
rls	3.39	32±2	94.2	0.67
RBF	3.55	32±2	94	0.69

5.2　基于 ARIMA-DBN 组合模型的溶解氧预测模型研究

5.2.1　数据来源与格式

本节介绍的溶解氧预测模型是一种基于时间序列理论和 DBN,依据溶解氧历史数据构建的模型。构建模型所采用的训练数据为多参数水质实时监测系统在 2016 年 3 月 23 日到 28 日期间采集到的溶解氧水质数据,数据采集间隔为三分钟,图 5－5 为获得的溶解氧原始数据时序图,纵坐标为溶解氧值,单位为 mg/L,横坐标为数据序号。模型的测试数据为在 2016 年 3 月 29 日采集的溶解氧实际数据,数据采集间隔也为三分钟。

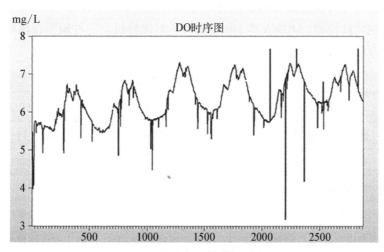

图 5－5　溶解氧原始数据时序图

5.2.2　数据异常点检测与剔除

从图 5－5 可知,给定的时间序列数据集具有周期性规律,曲线总体趋势平稳且在一个稳定的范围内变化,但也存在少量的异常点,需要进行剔除。

图 5－6 为异常检测算法在设置滑动窗口宽度 $k = 10$,置信度 $p = 90\%$ 时,对给定时间序列数据集上进行异常检测的结果。由图可知,大部分时间点的实际值都非常接近各自预测值,但也有部分点的实际结果值在其置信区间之外,这些点判定为异常,可进行剔除。从实际的处理结果来看,使用异常检测算法从水质参数(这里是溶解氧)时间序列数据集上检测

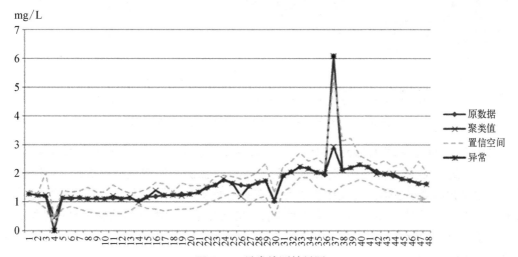

图 5－6　异常检测结果图

出一定数目的异常点并进行剔除,可避免由于异常点导致预测值的不准确性问题。

5.2.3 模型预测结果分析与比较

本节利用 ARIMA 模型在线性部分和 DBN 模型在非线性部分中的预测优势,将测试数据溶解氧分解为线性自相关部分和非线性残差两部分,构建了 ARIMA - DBN 组合模型,并将该模型和其他两种模型(ARIMA 和 DBN)进行了对比分析。三种模型在模型理论、样本要求和模型估算方法等方面各有不同,具体不同点列于表 5 - 6。

表 5 - 6　三种模型理论比较

	ARIMA	DBN	ARIMA - DBN
模型理论实质	时间序列(随机过程)	神经网络(智能算法)	时间序列-神经网络
模型假设	平稳性、白噪声	网络收敛	平稳性、白噪声、网络收敛
样本要求	样本容量适中	大样本	大样本
模型估算方法	最小二乘法	训练与仿真	最小二乘法、训练与仿真
应用特点	平稳时间序列预测,对非线性数据处理效果不佳	应用于各种领域,对线性数据预测不精准	对线性数据和非线性数据都可以精准预测

使用这三种不同模型对水产养殖中的溶解氧进行预测,预测效果的对比如图 5 - 7 所示。

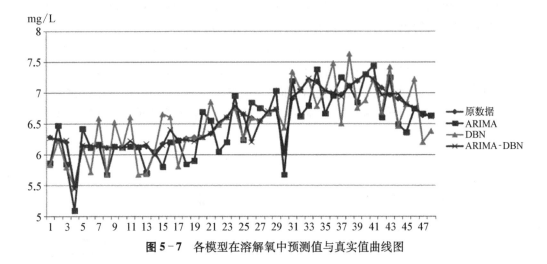

图 5 - 7　各模型在溶解氧中预测值与真实值曲线图

从图 5 - 7 可知,横坐标表示 2016 年 3 月 29 ~ 30 日的 48 小时,纵坐标表示溶解氧含量 5 ~ 8 mg/L,蓝色线(线中点的形状为圆点)为 29 ~ 30 日监测的溶解氧原始数据,其他颜色线为各个模型预测溶解氧值。从图中可以看出在对溶解氧参数预测上,不同模型的预测效果存在明显差异。ARIMA 模型和 DBN 模型在较大的变化范围内能预测其变化的趋势和规律,但预测值上下浮动较大。组合模型预测的结果与实际的检测数据吻合良好,具有较好的精确性和有效性。

为了验证组合模型的有效性和优越性,采用均方误差、平均相对误差和平均绝对误差作为模型性能评价指标。表5-7给出了三种模型的平均相对误差结果。

表5-7　三种溶解氧预测模型的预测性能比较

预 测 模 型	平均相对误差
ARIMA	0.034 4
DBN	0.054 2
ARIMA - DBN	0.021 6

从表5-7中的对比结果可知,组合模型(即ARIMA-DBN模型)对水质溶解氧参数预测的平均相对误差为0.021 6,远小于单一模型,说明其预测的准确度高于单一模型的预测结果,克服了两种单一模型的缺点,能够全面的展示溶解氧变化规律。

用ARIMA-DBN模型进行溶解氧预测,只需要利用溶解氧本身历史状态的演变特点,就能够对它的未来趋势进行预测。由于ARIMA-DBN模型揭示了溶解氧变动的内在规律,因此利用该模型预测溶解氧是切实可行的。此外,相对于传统的数理统计算法,ARIMA-DBN模型还具有简便、可靠的特点。

5.3　基于PCA-TSNN神经网络的溶解氧预测模型研究

5.3.1　数据来源与格式

与前面两节(5.1节和5.2节)一样,本节预测模型研究所采用的水质数据也为多参数水质实时监测系统采集的水质数据,主要用到采集数据中的水温(TEMP)、酸碱度(pH)、海水比(SSG)、氧化还原电位(ORP)、溶解氧(DO)、盐度(SAL)和浊度(TDS)参数。数据集为采集数据中连续480小时的480条样本数据,样本之间时间间隔为1小时。

表5-8为用到的部分数据及其格式。

表5-8　部分数据与数据格式

温　度	酸碱度	氧化还原电位	盐　度	浊　度	海水比	溶解氧
20.6	8.44	404.2	0.59	7.78	0.20	2.94
20.5	8.56	398.4	0.60	7.79	0.22	2.57
20.5	8.91	380.5	0.60	7.80	0.20	2.28
20.6	7.85	436.1	0.59	7.76	0.20	1.97
21.0	8.02	425.6	0.59	7.73	0.21	3.90
21.5	8.23	451.8	0.56	7.36	0.21	5.29
21.9	8.16	413.5	0.59	7.73	0.21	5.69

温　度	酸碱度	氧化还原电位	盐　度	浊　度	海水比	溶解氧
...	...	...	...	...	...	...
21.5	8.20	417.1	0.59	7.76	0.19	6.10
21.4	8.14	422.7	0.59	7.76	0.19	5.36

5.3.2　数据预处理

在构建预测模型时,训练数据的质量以及提取特征的好坏,会很大程度上影响最终预测模型的性能,所以需将从以下几个方面对模型的训练数据进行预处理。

5.3.2.1　异常与缺失数据处理

大量的监测数据表明,环境数据具有在时间上的相对稳定性,即在短时间内环境数据不会出现剧烈跳变。但在实际环境数据采集中,受硬件设备的限制与传输时干扰的影响,采集到的数据会出现异常跳变和数据丢失的可能。例如,图 5-8 为从水质实时监测系统中取出的一段时间的温度数据(共 3 600 个数据),从图可以看出数据曲线中的数据出现了跳变。

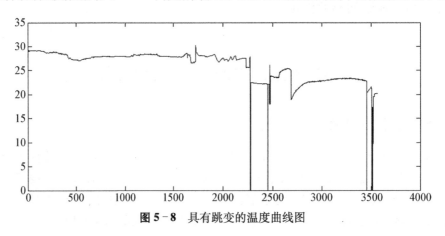

图 5-8　具有跳变的温度曲线图

为了减少不良样本数据对 TSNN 网络学习产生的影响,在数据参与网络训练之前,需要对样本数据进行数据修复工作。

数据的修复与处理方法多种多样,但是大多运算较为复杂,不适合用于在线学习预测。根据水产养殖的具体情况,本节对缺失数据、非真实数据采取以下方法修复处理。

1. 缺失数据的处理

对前后时间间隔不大的缺失水质数据,可以采用如 5-2 式线性插值法对其进行修复处理。

$$X_{k+1} = X_k + \frac{i \times (X_{k+j} - X_k)}{j}, \, 0 < i < j \tag{5-2}$$

式中 X_k 和 X_{k+j} 分别为 k 时刻和 $k+j$ 时刻水质数据,X_{k+i} 为 $k+i$ 时刻水质数据数。对于缺失时间跨度较大的数据,可以采用天气类型相同或者相近的临近日期时间刻度相同的数据进行补全处理。

2. 非真实数据的处理

由于水质数据具有时序性和延续性等特点,前后相邻的监测数据正常情况下不会发生急剧的跳变。通过大量数据统计,若某时刻水质数据变化范围在其前后数值的 10% 以外,则认为数据有误,可以采用 5-3 式进行均值平滑处理。

$$X_k = \frac{X_{k-1} + X_{k-1}}{2} \tag{5-3}$$

5.3.2.2　提取主成分变量

通过 PCA 提取主成分的方法,对水质数据中除溶解氧之外的 6 项参数进行 PCA 主成分提取,计算特征值与贡献率,结果见表 5-9,表中成分 1 对应表 5-8 中的温度,2 对应酸碱度,以此类推。

表 5-9　成分分析

成　　分	特　征　值	贡献率(%)
1	2.788	46.474
2	1.993	33.218
3	1.159	19.324
4	0.036	0.601
5	0.012	0.204
6	0.011	0.179

从表 5-9 可以看出经过 PCA 提取的前三个主成分贡献率分别为 46.474%、33.218% 和 19.324%,累计贡献率为 99.016%,大于 90%,说明这三个主成分变量能够反映原始数据提供的绝大部分信息,因此主成分个数确定为 3。通过 PCA 分析将网络的输入由 6 维降低为 3 维,优化了网络的输入,得到的主成分变量 F_1, F_2, F_3,部分数据如表 5-10 所示。

表 5-10　主成分数据

F_1	F_2	F_3
0.576	−0.633	0.295
0.835	−0.788	0.174
0.778	−0.850	0.031
0.809	−0.863	−0.020
...	...	...
0.625	−0.991	−0.415
0.575	−0.875	−0.367

5.3.2.3　归一化数据集

将上述得到的主成分数据与原始的溶解氧数据合并,采用公式 5-4 进行归一化至

[0.1, 0.9]区间内,以消除不同量纲和数量级对网络训练的影响。

$$X' = 0.8 \times \frac{X - X_{min}}{X_{max} - X_{min}} + 0.1 \qquad (5-4)$$

5.3.3 预测结果分析与对比

实验时,将经过数据预处理后的 3 项主成分(作为特征值)和溶解氧(作为标签值)作为 PCA-TSNN 网络的外部输入。并取数据集的 70% 作为训练集;15% 作为验证集,验证网络归一化程度,防止网络过拟合;15% 作为测试集,用于预测性能进行测试。使用 MATLAB 建立 PCA-TSNN 网络,选择 trainlm 函数为训练函数。在训练过程中,反复调整隐层个数和延迟阶数,对比均方根误差、自相关系数和误差自相关系数,结果表明隐层个数为 11 延迟阶数为 2,预测效果最佳。

为了验证 PCA-TSNN 网络的预测效果,本节使用训练好的 PCA-TSNN 溶解氧预测模型对 2016 年 4 月 26 日起连续 48 小时之内的水溶解氧含量进行预测,并与真实的数据进行对比,结果如图 5-9 所示。

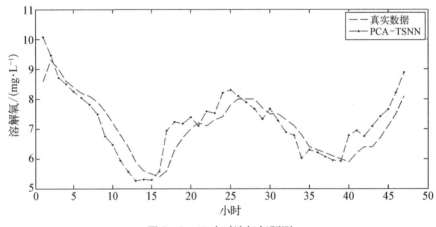

图 5-9 48 小时溶解氧预测

根据渔业养殖用水的溶解氧在 24 小时中,16 小时以上水溶解氧含量必须大于 5 毫克/升的标准,同时根据专家经验和水质调控需要,可以分析出预测结果基本与真实值一致,能够帮助管理者在短时间内对水质恶化的情况做出预警。从图还可以看出,模型预测值整体上与实际值之间有较好的拟合度,在 1~16 小时预测值与实际值基本一致,在 16~25 小时、42~48 小时之间有较少波动。

为了比较 PCA-TSNN 网络(即优化的 TSNN)的预测性能,本节将优化后的 TSNN 网络与未优化 TSNN 网络、NARX 网络进行了对比实验,实验结果如图 5-10 所示。

从图 5-10 中三种网络预测曲线情况来看,TSNN 网络在 1~10、25~35 时段出现较大误差;NARX 网络在溶解氧峰值、谷值处出现较大误差;整体上 1~48 小时内,PCA-TSNN 神经网络模型的预测结果好于其他两种预测模型。为了定量分析,本节采用相同结构的 NAR、NARX 神经网络模型对溶解氧进行同时间段的预测性能(性能指标选用预测模型的均方根误差(RMSE))进行了比较,比较结果如表 5-11 所示。

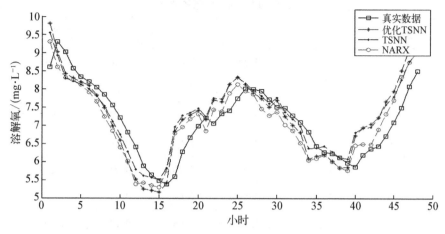

图 5 - 10　TSNN、PCA - TSNN、NARX 溶解氧预测结果对比

表 5 - 11　RMSE 统计

均方根误差	1~16 小时	1~32 小时	1~48 小时
TSNN	1.308 9	2.043 7	1.168 6
NARX	0.984 2	0.438 0	0.300 2
PCA - TSNN	0.584 1	0.409 9	0.200 5

从表 5 - 11 所示三种网络预测 RMSE 来看,优化 TSNN 网络在 1~16、1~48 小时的 RMSE 均小于 NAR 与 NARX 网络,1~32 小时略小于 NAR 模型,但总体 48 小时内,优化 TSNN 网络对溶解氧的预测性能优于 NARX、TSNN 神经网络模型,在养殖水质参数溶解氧预测方面有更高的预测精度和更优的泛化能力。

5.4　基于 PCA - NARX 神经网络的氨氮预测模型研究

5.4.1　数据来源及格式

本节预测氨氮所用的数据是上海福岛水产养殖专业合作社生产基地在 2015 年 2 月 20 日~10 月 20 日期间对中华绒螯蟹养殖水环境的部分监测数据。检测成蟹围网的水质指标有温度、酸碱度、溶解氧、氧化还原电位、浊度、海水比、盐度和氨氮,共 8 项。不同水域长时间监测数据表明,每小时内各项参数指标浮动范围较小,因此,可以小时为单位,计算每小时各项参数的平均值。高温时期(7~8 月)和最后一次集中蜕壳期是成蟹生长过程中两个重要的时期,应加强此期的饲养管理,监测水质变化情况,所以选取其中的 480 组水质参数用于 PCA - NARX 网络模型的构建。取总数据集的 70% 作为训练集,用于网络训练;15% 作为验证集,验证网络归一化程度,防止网络过拟合;15% 作为测试集,用于预测性能进行测试。部分样本数据及格式见表 5 - 12。

表 5 - 12　训练数据的格式

温　度	酸碱度	氧化还原电位	盐　度	浊　度	海水比	溶解氧	氨　氮
25.6	7.8	43.2	0.58	7.64	0.20	5.24	0.90
26	7.3	42.4	0.59	7.68	0.22	4.64	0.58
25.8	8.2	39.9	0.58	7.61	0.21	5.06	1.13
24.6	8.0	43.3	0.58	7.65	0.20	6.36	1.27
23.9	7.4	42.9	0.59	7.70	0.21	4.80	0.59
22.9	7.3	43.1	0.59	7.68	0.21	5.26	0.74
23.0	7.5	43.3	0.59	7.65	0.21	4.72	1.44
...	...	...	...	...	...	...	...
25.7	7.7	42.8	0.59	7.63	0.19	4.02	1.29
27.3	7.9	42.1	0.59	7.61	0.19	6.48	0.89

5.4.2　数据预处理

数据处理的基本原理与 5.3 节一样,对前后时间间隔不大缺失的水质数据,采用 5 - 2 式线性插值法对其进行插值处理。对异常数据采用 5 - 3 式进行均值平滑处理。

同样,通过 PCA 提取主成分,对除溶解氧之外的 6 项参数进行 PCA 主成分提取,计算特征值与贡献率,结果见表 5 - 13。从表 5 - 13 可知,前三个主成分贡献率分别为 45.875%、30.156% 和 22.238%,前三个主成分的累计贡献率为 98.269%,大于 90%,说明三个主成分变量能够反映原始数据提供的绝大部分信息。因此主成分个数确定为 3。通过 PCA 分析将网络的输入由 7 维降低为 3 维,优化了网络的输入,得到的主成分变量 F_1, F_2, F_3 部分数据如表 5 - 14 所示。

表 5 - 13　主成分分析

成　　分	特　征　值	贡献率(%)
1	2.571	45.875
2	1.564	30.156
3	1.035	22.238
4	0.042	0.821
5	0.038	0.402
6	0.025	0.354
7	0.011	0.204

表 5 - 14　主成分数据

F_1	F_2	F_3
0.758	−0.598	0.315
0.826	−0.802	0.112
0.952	−0.831	0.302
0.790	−0.875	−0.112
…	…	…
0.653	−0.899	−0.398
0.652	−0.921	−0.588

将上述得到的主成分数据与原始溶解氧数据合并,采用公式 5 - 4 进行归一化至[0.1, 0.9]区间内,以消除不同量纲和数量级对网络训练的影响。

5.4.3　预测模型的仿真结果与分析

将处理好的训练数据作为网络的输入,使用 MATLAB 建立 PCA - NARX 网络,选择 trainlm 函数为训练函数,反复调整隐层个数和延迟阶数,对比均方根误差、自相关系数和误差自相关系数,结果表明隐层个数为 11,延迟阶数为 2 时,预测效果最佳。

为验证 PCA - NARX 网络模型的预测效果,结合相关专家经验与中华鳌绒蟹换水与调控水质需求,使用训练好的 PCA - NARX 氨氮预测模型对 2015 年 10 月 1 日起连续 48 小时之内的水中氨氮含量进行预测,并与真实数据进行对比。从图 5 - 11 可见,16～25 小时和 43～48 小时预测效果略有波动,整体 48 小时预测值曲线基本与实际变化趋势一致。

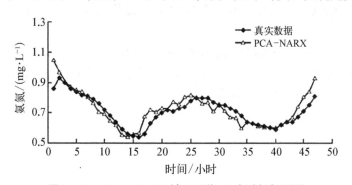

图 5 - 11　PCA - NARX 神经网络 48 小时氨氮预测

为了比较 PCA - NARX 网络模型与 NAR、NARX 模型的预测效果,实验对三种模型采用相同结构对氨氮进行了同时间段的预测,三种网络模型在 24 小时、48 小时预测结果曲线的对比如图 5 - 12 所示,三种网络预测模型均方根误差(RMSE)见表 5 - 15。从图 5 - 12 可见, NARX 网络模型在 1～10 小时、15～30 小时、40～45 小时预测曲线有较大波动,在整体 48 小时之内预测变化趋势一致,但是预测精度低于 PCA - NARX 网络模型,氨氮峰值、谷值处出现较大误差;从整体 48 小时预测来看,经过主成分分析得到的主成分变量作为输入的 PCA - NARX 网络模型预测效果最佳。

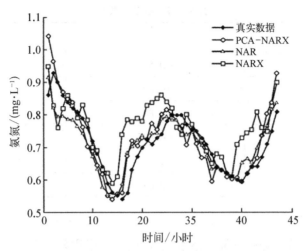

图 5 - 12 TSNN、PCA - TSNN、NARX 溶解氧预测

表 5 - 15 RMSE 统计

均方根误差	1~24 小时	1~48 小时
NARX	1. 297	1. 685
NAR	0. 996	1. 086
PCA - NARX	0. 753	0. 624

由表 5 - 15 可见,PCA - NARX 网络模型在 1~24 小时、1~48 小时的 RMSE 均小于 NAR、NARX 网络模型,1~24 小时略小于 NAR 网络模型。但总体 48 小时内,PCA - NARX 网络模型对氨氮的预测性能优于 NARX、NAR 神经网络模型,具有更高的预测精度和更优的泛化能力。

对比结果表明,PCA - NARX 网络模型在 24 小时内的均方根误差较 NAR 网络模型减少 24.39%,较 NARX 模型减少 41.94%;总体上 48 小时之内的预测均方根误差为 0.624,PCA - NARX 神经网络具有更小的均方根误差。

本章小结

本章以水产养殖重要水质参数溶解氧和氨氮为研究对象,介绍了四种预测模型。5.1 节通过构建改进型递归最小二乘 RBF 神经网络溶解氧预测模型对溶解氧进行预测,并将预测结果与递归最小二乘 RBF 网络以及 RBF 网络本身进行对比分析。结果表明,改进型递归最小二乘算法优化的 RBF 神经网络在这三种预测模型中具有最高的预测精度以及最快的收敛速度,在溶解氧预测系统中应用效果显著。5.2 节提出一种 ARIMA - DBN 组合模型,将线性预测方法和非线性建模方法相结合,通过时间序列历史数据揭示特定水环境中溶解氧参数随时间变化规律,再利用神经网络的非线性和自适应学习能力来预测未来溶解氧变化趋势。5.3 节采用优化 TSNN 神经网络模型对水溶解氧进行时间序列预测。5.4 节利用

PCA‐NARX 网络模型对水氨氮进行预测,两种模型相对于传统网络模型优化了网络输入特征量,具有更优秀的泛化能力,同时又兼顾了网络模型对预测周期性变化的优势,为水环境质量监测、渔业用水安全管理领域提供了更高精度的溶解氧和水氨氮预测模型。

　　本章为水质精准监控和预测这一科学难题提供了新的解决思路,定期监测水质参数变化,及时发现可能出现的问题,尽快采取有效的监控措施,就能掌握水质参数情况及变化规律,防患未然。

参考文献

[1]　王立,刘载文,吴成瑞.基于多元时序分析的水华预测及因素分析方法.化工学报,2013,64(12):4649‐4655.

[2]　曹永中,周孝德,吴秋平,等.河流水质模型研究概述[J].水利科技与经济,2008,14(3):197‐199.

[3]　李兴.内蒙古乌梁素海水质动态数值模拟研究[D].呼和浩特:内蒙古农业大学,2009.

[4]　李如忠.水质预测理论模式研究进展与趋势分析[J].合肥工业大学学报(自然科学版),2006,29(1):26‐30.

[5]　王剑利.GIS 与水质评价和预测模型集成研究[D].重庆:重庆大学,2009.

[6]　高文海.基于组合预测模型的物流需求预测实证研究[J].物流技术,2014(3):226‐228.

[7]　黄瑶.基于 BP 神经网络的人工沉床水质改善效果预测[D].天津:南开大学,2012.

[8]　郭鹏飞.基于改进 RBF 神经网络算法的水质预测模型研究[D].南昌:华东交通大学,2013.

[9]　杨争光,范良忠.基于 MEC‐BP 神经网络在水产养殖水质预测中的应用[J].计算机与现代化,2015(6):32‐36.

[10]　刘俊.BP 神经网络在多维非线性函数拟合中的应用[J].商洛学院学报,2014,28(6):19‐22.

[11]　吴群.改进 RBF 神经网络在降水量预测中的研究[D].桂林:桂林理工大学,2011.

[12]　陈琛.基于组合神经网络的农业信息网站评价方法研究[D].合肥:安徽农业大学,2011.

[13]　郭军.BP 神经网络算法研究[D].华中科技大学,2005.

[14]　徐晓龙.新型溶解氧检测仪探头的研制[D].合肥:中国科学技术大学,2010.

[15]　陈海生,严力蛟.浙江省长潭水库溶解氧变化特性及其与水温相关性[J].科技通报,2015(3):249‐253.

[16]　周舵.溶解氧浓度和 pH 对 Eh 的影响[A].全国核化学化工学术交流年会论文集[C].全国核化学化工学术交流年会,2002.

[17]　石小松.基于神经网络的数据挖掘技术用于剩余油分布的研究[D].西安:西安石油大学,2009.

[18]　殷燕,吴志旭,刘明亮,等.千岛湖溶解氧的动态分布特征及其影响因素分析[J].环境科学,2014(7):2539‐2546.

[19]　Yin Yan, Wu Zhixu, Liu Mingliang, et al. Dynamic Distributions of Dissolved Oxygen in Lake Qiandaohu and Its Environmental Influence Factors[J]. Environmental Science, 2014, 35(7): 2539‐2546.

[20]　Lipizer M, Partescano E, Rabitti A, et al. Qualified temperature, salinity and dissolved oxygen climatologies in a changing Adriatic Sea[J]. Ocean Science, 2014, 10(5): 771‐797.

[21]　国家环境保护局.GB11607‐1989.渔业水质标准[S].北京:中国标准出版社,1989‐08‐12.

[22]　管崇武,刘晃,宋红桥,等.涌浪机在对虾养殖中的增氧作用[J].农业工程学报,2012(9):208‐212.

[23]　Guan Chongwu, Liu Huang, Song Hongqiao, et al. Oxygenation effect of wave aerator on shrimp culture [J]. Transactions of the Chinese Society of Agricultural Engineering, 2012(9): 208‐212.

［24］ Kuroyanagi A, da Rocha R E, Bijma J, et al. Effect of dissolved oxygen concentration on planktonic foraminifera through laboratory culture experiments and implications for oceanic anoxic events［J］. Marine Micropaleontology, 2013, 101(1): 28 - 32.

［25］ Missaghi S, Hondzo M, Herb W. Prediction of lake water temperature, dissolved oxygen, and fish habitat under changing climate［J］. Climatic Change, 2017, 141(4): 747 - 757.

［26］ 孙国红,沈跃,徐应明,等.基于 Box-Jenkins 方法的黄河水质时间序列分析与预测［J］.农业环境科学学报,2011(9): 1888 - 1895.

［27］ Sun Guohong, Shen Yue, Xu Yingming et al. Time Series Analysis and Forecast Model for Water Quality of Yellow River Based on Box-Jenkins Method［J］. Journal of Agro-Environment Science, 2011(9): 1888 - 1895.

［28］ 陈彦,殷建军,项祖丰,等.基于时间序列模型的海洋溶解氧分析与预测［J］.轻工机械,2012(3): 83 - 87+96.

［29］ Chen Yan, Yin Jianjun, Xiang Zufeng, et al. Marine Dissolved Oxygen Analysis and Prediction Based on the Time Series Model［J］. Light Industry Machinery, 2012(3): 83 - 87+96.

［30］ 范海梅,李丙瑞,叶属峰,等.长江口表层溶解氧浓度的长时间序列分析［J］.海洋环境科学,2011(3): 342 - 345.

［31］ Fan Haimei, Li Bingrui, Ye Shufeng, et al. Long time series analysis of surface dissolved oxygen in Changjiang Estuary［J］. Marine Environmental Science, 2011(3): 342 - 345.

［32］ 刘双印,徐龙琴,李道亮,等.基于时间相似数据的支持向量机水质溶解氧在线预测［J］.农业工程学报,2014(3): 155 - 162.

［33］ Liu Shuangyin, Xu Longqin, LiDaoliang, et al. Online prediction for dissolved oxygen of water quality based on support vector machine with time series similar data［J］. Transactions of the Chinese Society of Agricultural Engineering, 2014(3): 155 - 162.

［34］ 朱成云,刘星桥,李慧,等.工厂化水产养殖溶解氧预测模型优化［J］.农业机械学报,2016(1): 273 - 278.

［35］ Zhu Chengyun, Liu Xingqiao, Li Hui, et al. Optimization of Prediction Model of Dissolved Oxygen in Industrial Aquaculture［J］. Transactions of the Chinese Society for Agricultural Machinery, 2016, 47(1): 273 - 278.

［36］ 安爱民,祁丽春,丑永新,等.基于粒子群优化的溶解氧质量浓度支持向量回归机［J］.北京工业大学学报,2016(9): 1318 - 1323.

［37］ An Aimin, Qi Lichun, ChouYongxin, et al. Support Vector Regression Using Particle Swarm Optimization for Dissolved Oxygen Concentration［J］. Journal of Beijing University of Technology, 2016, 42(9): 1318 - 1323.

［38］ Tan G H, Yan J Z, Gao C, et al. Prediction of water quality time series data based on least squares support vector machine［J］. Procedia Engineering, 2012(31): 1194 - 1199.

［39］ LüJiake, Wang Xuan, Zou Wei. A hybrid approach of support vector machine with differential evolution optimization for water quality prediction［J］. Journal of Convergence Information Technology, 2013, 8(2): 1158 - 1163.

［40］ 吴慧英,杨日剑,张颖,等.基于 PCA - SVR 的池塘 DO 预测模型［J］.安徽大学学报(自然科学版),2016(6): 103 - 108.

［41］ Wu Huiying, Yang Rijian, Zhang Ying, et al. Forecasting model for DO of pond water quality based on PCA - SVR［J］. Journal of Anhui University (Natural Science Edition), 2016(6): 103 - 138.

［42］ 徐梅,晏福,刘振忠,等.灰色 GM(1, 1)-小波变换-GARCH 组合模型预测松花江流域水质［J］.农业

工程学报,2016(10)：137－142.

［43］ Xu Mei, Yan Fu, Liu Zhenzhong, et al. Forecasting of water quality using grey GM（1, 1）- wavelet-GARCH hybrid method in Songhua River Basin［J］. Transactions of the Chinese Society of Agricultural Engineering, 2016(10)：137－142.

［44］ 李明河,周磊,王健.基于 LM 算法的溶解氧神经网络预测控制［J］.农业机械学报,2016（6）：297－302.

［45］ Li Minghe, Zhou Lei, Wang Jian. Neural Network Predictive Control for Dissolved Oxygen Based on Levenberg-Marquardt Algorithm［J］. Transactions of the Chinese Society for Agricultural Machinery, 2016（6）：297－302.

［46］ 袁红春,潘金晶.改进递归最小二乘 RBF 神经网络溶解氧预测［J］.传感器与微系统,2016（10）：20－23.

［47］ 宦娟,刘星桥.基于 K－means 聚类和 ELM 神经网络的养殖水质溶解氧预测［J］.农业工程学报,2016（17）：174－181.

［48］ Huan Juan, Liu Xingqiao. Dissolved oxygen prediction in water based on K－means clustering and ELM neural network for aquaculture［J］. Transactions of the Chinese Society of Agricultural Engineering［J］. 2016(17)：174－181.

［49］ Cadenas E, Rivera W, Campos-Amezcua R, et al. Wind speed forecasting using the NARX model, case：La Mata, Oaxaca, Mexico［J］. Neural Computing & Applications, 2016, 27(8)：2417－2428.

［50］ Guzman S M, Paz J O, Tagert M L M. The Use of NARX Neural Networks to Forecast Daily Groundwater Levels［J］. Water Resources Management, 2017, 31(5)：1591－1603.

［51］ 蔡磊,马淑英,蔡红涛,等.利用 NARX 神经网络由 IMF 与太阳风预测暴时 SYM－H 指数［J］.中国科学(技术科学),2010,(1)：77－84.

［52］ Cai L, Ma S Y, Cai H T, et al. Prediction of SYM－H index by NARX neural network from IMF and solar wind data［J］. Sci China Ser E－Tech Sci, 2010(1)：77－84.

［53］ 刘双印,徐龙琴,李道亮,等.基于蚁群优化最小二乘支持向量回归机的河蟹养殖溶解氧预测模型［J］.农业工程学报,2012(23)：167－175.

［54］ Liu Shuangyin, Xu Longqin, Li Daoliang, Zeng Lihua. Dissolved oxygen prediction model of eriocheirsinensis culture based on least squares support vector regression optimized by ant colony algorithm［J］. Transactions of the Chinese Society of Agricultural Engineering, 2012(23)：167－175.

［55］ 夏春江,王培良,张媛.基于深度学习的木材含水率预测［J］.杭州电子科技大学学报(自然科学版),2015(1)：31－35.

［56］ 熊志斌.ARIMA 融合神经网络的人民币汇率预测模型研究［J］.数量经济技术经济研究,2011(6)：64－76.

［57］ 雷可为,陈瑛.基于 BP 神经网络和 ARIMA 组合模型的中国入境游客量预测［J］.旅游学刊,2007,22(4)：20－25.

［58］ Hirata T, Kuremoto T, Obayashi M, et al. Time Series Prediction Using DBN and ARIMA［A］. International Conference on Computer Application Technologies［C］. IEEE, 2015：24－29.

［59］ 翟静,曹俊.基于时间序列 ARIMA 与 BP 神经网络的组合预测模型［J］.统计与决策,2016(4),29－32.

［60］ 潘广源,柴伟,乔俊飞.DBN 网络的深度确定方法［J］.控制与决策,2015(2)：256－260.

［61］ Schölkopf B, Platt J, Hofmann T. Greedy Layer-Wise Training of Deep Networks［J］. Advances in Neural Information Processing Systems, 2007(19)：153－160.

［62］ Hinton G E, Osindero S, Teh Y W. A Fast Learning Algorithm for Deep Belief Nets［J］. Neural

Computation, 2006, 18(7): 1527-1554.

[63] 吴承璇,张颖颖,刘杰,等. 基于时间序列的神经网络水质参数预测方法的应用[J]. 水电能源科学, 2013(2): 47-49.

[64] 刘双印. 基于计算智能的水产养殖水质预测预警方法研究[D]. 北京: 中国农业大学, 2014.

[65] 邹进贵,肖扬宣,张士勇. 基于 ARIMA-BP 神经网络的组合模型在地基沉降预测中的应用研究[J]. 测绘通报, 2014(S2): 99-104.

[66] 吕苏娜. 基于 ARIMA-DBN 的水质参数预测模型研究[D]. 上海: 上海海洋大学, 2017.

[67] 袁红春,赵彦涛,刘金生. 基于 PCA-NARX 神经网络的氨氮预测[J]. 大连海洋大学学报, 2018, 33 (6): 129-134.

[68] 刘金生,王军,岳武成,等. 水体 pH 对中华绒螯蟹幼蟹蜕壳生长及其相关基因表达的影响[J]. 淡水渔业, 2016, 46(4): 96-100.

[69] 刘金生. 中华绒螯蟹的生长动态、基因表达与水质环境(水温、溶氧、pH 及氨氮)的相关性[D]. 上海海洋大学, 2016.

[70] 熊鸿斌,陈雪,张斯思. 基于 MIKE11 模型提高污染河流水质改善效果的方法[J]. 环境科学, 2017, 38 (12): 5063-5073.

[71] 赵彦涛. 基于模糊神经网络的水产养殖及运输环境预警研究[D]. 上海: 上海海洋大学, 2018.

第6章 水产品供应链中的信息管理

随着人们对水产品质量安全要求的提高,人们迫切需要了解水产品供应链中各环节所涉及的主要信息。本章将主要介绍水产品供应链中的主要环节、这些环节所涉及的信息以及这些信息的采集与管理方法。这些信息主要包括水产品在养殖阶段所涉及的投放饵料、使用药物、池塘水质信息、出塘分包信息、水产品流通环节信息、配送信息以及运输过程中水产品所处的环境数据信息等。

6.1 水产品供应链基本流程

水产品供应链的一般流程如图6-1所示。

水产品供应链的一般流程主要涵盖水产养殖、配送、零售等基本环节,以及贯穿于各个环节内部和供应链上下游流通中的仓储、运输、装卸和搬运等物流活动。

6.1.1 水产品养殖环节

水产养殖过程中,养殖基地、养殖池塘、水质环境、饲料、用药等信息是水产品追溯的重要信息,能有效地保障水产品质量安全。这些信息一部分由养殖人员与管理人员,通过网页、移动设备等方式录入与修改,一部分可通过使用物联网技术的设备来自动采集,投饵机和增氧机部分数据也可通过自动采集设备采集。

6.1.1.1 养殖基地信息

养殖基地的企业基本信息如表6-1所示。

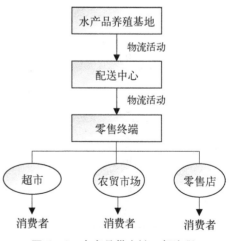

图6-1 水产品供应链一般流程

表 6-1 养殖基地的企业基本信息

序　　号	企 业 基 本 信 息
1	养殖基地名称
2	组织机构代码
3	法人代表
4	联系电话
5	养殖基地地址
6	经营品种

注：表中所示的养殖基地的追溯数据是需要追溯的基本信息，具体到某一养殖基地。

当发生水产品安全事件时，通过对养殖基地信息的溯源，可以快速地查询到问题水产品来源于哪个养殖基地，便于找出引发安全问题的原因，追究相关责任人。

6.1.1.2　养殖过程的水产品安全信息

（1）养殖用水水质指标。养殖用水水质的主要指标如表 6-2 所示。

表 6-2 养殖用水水质的主要指标

序　　号	主 要 指 标
1	pH 值
2	氨氮
3	水温
4	溶解氧
5	透明度
6	重金属含量
7	农药含量
8	细菌含量
9	氟化物含量
10	挥发性酚含量
11	换水周期
12	消毒品

养殖用水的水质直接影响到养殖产品的安全性，所以在进行养殖之前要对养殖水域中的上述各种水质参数进行监测以确保养殖水域的水质满足进行水产养殖的条件。

（2）水产品饲料信息。水产品饲料配方基本信息如表 6-3 所示。

表 6-3　水产品饲料配方基本信息

序　号	饲料配方	配方成分及各成分比例
1	激素含量	如未使用激素则填写"无"
2	抗生素含量	如未使用抗生素则填写"无"

饲料的质量安全不仅会影响到养殖产品的健康,而且也会影响到人的身体健康。在使用时要详细了解饲料的配方成分以及相关的比例以确保不会对养殖产品造成影响。此外还要检查激素和抗生素的含量和种类,避免使用禁止的药物。

（3）水产品疾病预防信息。水产品疾病预防主要有专业预防和非专业预防两种。非专业预防措施不当常常会引发食品安全隐患。常见的水产品疾病预防措施为药物预防,包括苗种药浴、全池播撒药物、投喂药饵和工具消毒等具体措施。水产品预防过程中需要追溯的信息如表 6-4 所示。

表 6-4　水产品预防过程中需要追溯的基本信息

序　号	类　别	详　细　信　息
1	预防时间	水产品疾病预防的具体时间
2	预防方法	针对要预防的疾病具体采用的预防方法
3	使用的药物	预防过程中使用的药物
4	用药剂量	预防性用药投放的剂量
5	预防的疾病	本次预防主要针对哪种多发性疾病

在对水产品疾病进行预防时要记录预防的时间、预防方法、使用的药物、用药剂量以及预防的疾病等基本信息,可方便后续对水产品的查验以检验预防过程是否符合要求从而保证水产品的质量安全。

（4）水产品疾病治疗信息。水产品养殖过程中,可能会发生由于季节变化或人为失误等引起的各种水产品疾病。如果得不到及时的预防和治疗就可能会对水产品本身的安全造成危害。另外,治疗措施不合理也可能带来水产品的安全隐患。因此,水产品养殖过程中必须严格按照国家相关标准来进行各种疾病的预防和治疗。水产品疾病治疗过程中应当追溯的基本信息如表 6-5 所示。

表 6-5　水产品疾病治疗过程中应当追溯的基本信息

序　号	类　别	详　细　信　息
1	患病时间	水产品的具体发病时间
2	所得疾病	水产品所患疾病的名称
3	具体症状	水产品患病时的具体表现
4	患病鱼塘	具体患病的池塘

序　号	类　别	详　细　信　息
5	治疗方法	详细的治疗方法及具体用药
6	治疗效果	治疗后的效果,是否完全康复

当水产品患病后要记录相应治疗过程中的一些基本信息,包括患病时间、所得疾病、具体症状、患病鱼塘、治疗方法以及治疗效果。保存这些信息以便后续的查验,保证养殖水产品的质量安全。

6.1.1.3　水产品出塘信息

水产品从养殖塘捕捞后会进入配送流通环节,为了便于对水产品的追溯,会生成相应的追溯标签,目前标签信息多采用 RFID 电子标签保存。一般水产品从出塘到被运往配送中心时就开始应用 RFID 标签,用于标识养殖环节信息追溯的追溯批次。通常情况下,规模化的养殖户都会将水产品放养在多个鱼塘内,为了便于管理,同一鱼塘内的水产品通常具有相同的养殖环境、饲料配方、疾病预防记录和疾病治疗记录等信息。鉴于此,可将同一鱼塘内同一时间点出塘的水产品定为同一批次。追溯批次水产品的基本信息如表 6 - 6 所示。

表 6 - 6　当前追溯批次水产品的基本信息

序　号	类　别	详　细　信　息
1	RFID 追溯批次	标识当前追溯批次水产品的电子标签信息
2	出塘时间	当前追溯批次水产品的出塘时间
3	产品流向	当前追溯批次水产品的具体流向
4	净重	当前追溯批次水产品的净重

注:RFID 电子标签是一种便携式的射频识别技术,可以用来追溯当前批次水产品的出塘时间、水产品的具体流向以及本批次水产品的净重,方便对这些信息进行有效的管理。RFID 的基本原理知识可参见本书的第二章内容。

6.1.2　水产品配送环节

水产品配送时间长,大多数水产品对外界环境的敏感性高,配送过程中的操作不善或外界环境的突然变化都可能导致水产品的腐烂或变质。因此,产品入库前,配送中心的工作人员要先对水产品进行严格的验收操作。由于水产品本身对仓储条件要求高,所以存储期间,仓管人员要定时对产品进行盘点,记录盘点结果。出库前,工作人员要严格按照客户订单要求进行水产品分拣操作并安排出库。

6.1.2.1　配送中心信息

配送中心需要追溯的基本信息如表 6 - 7 所示。

表 6 - 7　配送中心需要追溯的基本信息

序　号	基　本　信　息
1	配送中心名称

序　号	基　本　信　息
2	组织机构代码
3	法人代表
4	联系电话
5	配送中心地址

配送中心是对水产品进行入库和出库以及管理的信息中心,需要追溯的信息包括配送中心名称、组织机构代码、法人代表、联系电话和配送中心地址。

6.1.2.2　配送中心的水产品安全信息

配送中心产品验收环节需要追溯的基本信息如表 6-8 所示。

表 6-8　配送中心产品验收环节需要追溯的基本信息

序　号	类　别	详　细　信　息
1	RFID 配送批次	标识当前配送批次的电子标签信息
2	检测时间	水产品验收的具体时间
3	检测指标	针对特定水产品需要检测的关键指标
4	检测结果	该配送批次水产品是否通过验收

当配送中心收到本批产品时要记录本批水产品验收的具体时间,并对一些关键指标进行检测以确保本批水产品是否通过验收。

6.1.2.3　配送环节追溯信息

配送环节追溯信息如表 6-9 所示。

表 6-9　配送环节追溯信息

序　号	类　别	详　细　信　息
1	RFID 零售批次	标识当前即将被销售往零售终端的水产品的标签信息
2	RFID 配送批次	当前零售批次水产品对应的配送批次
3	配送时间	当前零售批次水产品配送时间
4	产品流向	当前零售批次水产品的具体流向
5	包装单位	当前零售批次水产品采用的运输包装类型
6	配送车辆	当前零售批次水产品采用的运输车辆
7	配送数量	当前零售批次水产品的产品数量

配送环节需要追溯的信息较多,包括被送到零售终端的水产品的标签信息、RFID 对应本批水产品的配送批次、当前零售批次水产品的配送时间、当前零售批次水产品的具体流向、本批水产品采用的运输包装类型、本批水产品的运输车辆和本批水产品的产品数量,记录这些详细信息利于水产品的信息追溯。

6.1.3 水产品零售环节

6.1.3.1 超市信息

超市需要追溯的基本信息如表 6 - 10 所示。

表 6 - 10 超市需要追溯的基本信息

序 号	基 本 信 息
1	超市名称
2	组织机构代码
3	法人代表
4	联系电话
5	超市地址

需要追溯的超市相关信息,包括超市名称、组织机构代码、法人代表、联系电话和超市地址,详细记录产品的去向。

6.1.3.2 零售过程中的水产品安全信息

零售过程中水产品验收的基本信息如表 6 - 11 所示。

表 6 - 11 零售水产品验收的基本信息

序 号	类 别	详 细 信 息
1	RFID 零售批次	标识当前零售批次的电子标签信息
2	检测时间	水产品验收的具体时间
3	检测指标	针对特定水产品需要检测的关键指标

零售过程水产品验收和超市水产品验收差不多,也要记录水产品验收的具体时间、需要检测的关键指标,并通过检测结果来判断该批水产品是否通过验收。

6.2 水产品养殖信息管理

水产养殖信息主要通过固定 PC 端系统与移动端系统(以下简称固定端和移动端)来管理,信息录入采用手工输入与自动采集相结合的方式。一些基本信息主要通过养殖人员或管理人员通过网页、移动设备方式录入管理,养殖水质参数信息主要通过物联网设备自动采集获得。本节将结合本研究团队实际开发的水产品养殖信息管理平台对水产养殖信息的管理作具体介绍。

6.2.1 养殖信息固定端管理

6.2.1.1 养殖基地管理

养殖基地管理包含 4 个子功能模块,分别是养殖基地介绍、基地列表、增加养殖基地和修改养殖基地。养殖基地介绍显示不同养殖基地的简介信息;基地列表可以根据养殖基地名称和组织结构来查询养殖基地的详细信息;增加养殖基地可以输入新增养殖基地的具体信息;修改养殖基地可以点击下拉列表,选择所要修改的养殖基地的名称来修改养殖基地的具体信息。养殖基地管理界面如图6-2所示。

图6-2　养殖基地管理界面

6.2.1.2　工作人员管理

工作人员管理包含5个功能子模块,分别是基本信息、修改登录人的信息、任务处理、通讯录和注册新用户。基本信息显示当前登录人的基本信息;修改登录人的信息可以修改登录人的基本信息;任务处理可以看到任务动态即详细的任务分配;通讯录可以看到该养殖基地的工作人员的联系方式及其他具体信息;注册新用户可以注册新的养殖工作人员。工作人员管理界面如图6-3所示。

图6-3　工作人员管理界面

6.2.1.3　池塘管理

池塘管理包含4个子功能模块,分别是池塘列表、池塘基本信息、增加池塘和修改池塘。池塘列表可以根据基地编号和池塘编号来查询池塘的面积;池塘基本信息可以根据所属地区、基地和池塘来查询池塘的基本信息;增加池塘可以选择下拉列表基地名称给该基地增加池塘;修改池塘可以选择池塘修改该池塘的基本信息。池塘管理界面如图6-4所示。

图 6-4   池塘管理界面

6.2.1.4   浮标管理

浮标管理下包含 5 个子功能模块,分别是浮标列表、浮标详细、新增浮标、修改浮标和监测管理。浮标列表填入浮标编号和浮标名称可以查询浮标的基本信息;浮标详细可以显示浮标介绍的详细内容;新增浮标可以在选择传感器名称后输入浮标名称来新增浮标;修改浮标可对池塘中浮标的信息进行修改;浮标监测管理可在选定浮标后以多种图形化(例如折线图、柱状图等)方式显示该浮标采集的水质参数变化情况。浮标管理界面如图 6-5 所示,浮标监测管理界面如图 6-6 所示。

图 6-5   浮标管理界面

6.2.1.5   饲料管理

饲料管理包含 4 个子功能模块,分别是饲料管理、使用历史、新增饲料和修改饲料。饲料列表根据饲料编号和饲料名称来查询饲料的详细信息;使用历史可以查看饲料的使用历史情况;新增饲料可以添加新的饲料信息;修改饲料可以修改选定饲料的信息。饲料管理界面如图 6-7 所示。

6.2.1.6   品种管理

品种管理包含 4 个子功能模块,分别是品种列表、使用历史、新增品种和修改品种。品

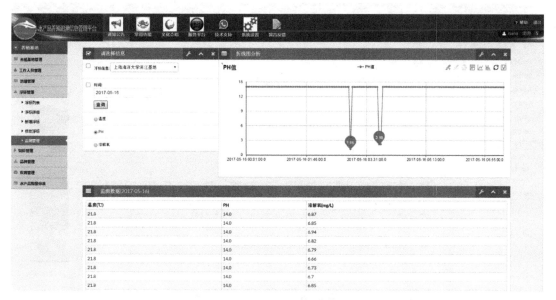

图6-6　浮标监测管理界面

图6-7　饲料管理界面

种列表根据品种编号和品种名称查询品种信息;使用历史查询品种的使用历史情况;新增品种可以添加新水产品种;修改品种可以修改被选择品种的信息。品种管理页面如图6-8所示。

6.2.1.7　疾病管理

疾病管理包含3个子功能模块,分别为疾病信息、治疗列表和疾病录入。疾病信息可以看到疾病病因和常见疾病信息;治疗列表输入疾病编号和疾病名称来查询治疗的具体详细过程;疾病录入可以录入相应的疾病治疗方案。疾病管理界面如图6-9所示。

图 6-8　品种管理界面

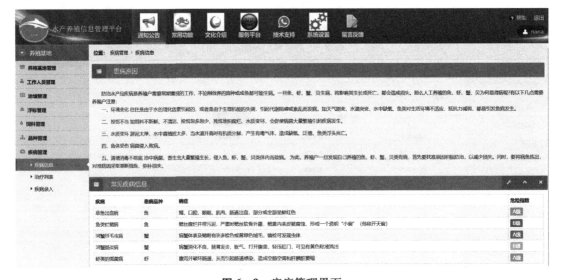

图 6-9　疾病管理界面

6.2.2　养殖信息移动端管理

6.2.2.1　养殖信息及入塘管理

养殖信息界面可以查看可养殖品种表,包括对各种养殖品种的介绍,如鲫鱼主要是以植物为食的杂食性鱼,喜群集而行,择食而居。肉质细嫩,营养价值很高,每百克肉含蛋白质 13克、脂肪 11 克,并含有大量的钙、磷、铁等矿物质。其相应界面如图 6-10 所示。入塘管理界面可以查看可入塘水产种列表,点击对应品种的入塘按钮可以完成入塘操作,其相应界面如图 6-11 所示。

图 6-10　养殖信息界面

图 6-11　入塘管理界面

6.2.2.2　出塘管理

当用户订购某种水产品后,养殖工作人员将水产品从养殖池塘打捞出来进行包装后送往中转站,并输入池塘、养殖种类、流向和重量参数信息,输入信息后,将 RFID 标签放置在手持终端下方,点击写入,显示操作完成,即将出塘水产品追溯码信息录入 RFID 中。出塘信息输入界面如图 6-12 所示,出塘操作完成界面如图 6-13 所示。

图 6-12　出塘信息输入

图 6-13　出塘操作完成

6.3 水产品配送信息管理

水产品配送信息需要通过固定 PC 端系统和移动端系统来管理,信息录入主要采用手工输入与自动采集相结合的方式。基本信息主要由配送人员通过网页、移动设备方式录入管理,运输过程中的水产品环境参数信息主要通过物联网设备自动采集获得。本节将结合本研究团队实际开发的水产品养殖追溯信息管理平台来介绍水产品配送中的信息管理。

6.3.1 配送中心信息固定端管理

6.3.1.1 中转站管理

中转站管理包含 4 个子功能模块,分别是中转站介绍、中转站列表、增加中转站和修改中转站。中转站介绍显示不同地区的中转站简介信息;中转站列表可通过输入中转站名称和组织机构来查询中转站的详细信息;增加中转站通过下拉列表选择地区增加该地区的中转站;修改中转站可通过选择基地名称修改该基地中转站的具体信息。中转站管理界面如图 6-14 所示。

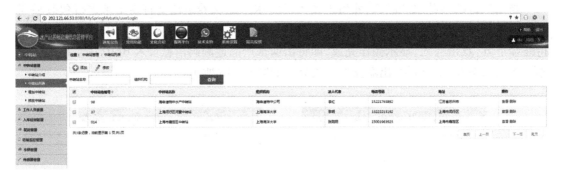

图 6-14 中转站管理界面

6.3.1.2 工作人员管理

工作人员包含 5 个子功能模块,分别是基本信息、修改登录人的信息、任务处理、通讯录和注册新用户。基本信息显示当前登录人的基本信息;修改登录人的信息可以修改登录人的基本信息;任务处理可以看到任务动态即详细的任务分配;通讯录可以看到该养殖基地的工作人员的联系方式及其他具体信息;注册新用户,可以注册养殖工作人员。工作人员管理界面如图 6-15 所示。

6.3.1.3 入库检测管理

入库检测管理只包含入库列表子功能模块,该功能模块可通过输入检测编号、所在池塘和品种来查询入库的详细信息。入库检测管理界面如图 6-16 所示。

6.3.1.4 配送管理

配送管理只包含配送列表子功能模块,该功能模块可输入包装号和包装 RFID 来查询该包装的详细信息。配送管理界面如图 6-17 所示。

图 6-15　工作人员管理界面

图 6-16　入库检测管理界面

图 6-17　配送管理界面

6.3.1.5　运输监控管理

运输管理只包含监控列表子功能模块,该功能模块可通过输入监控编号和节点来查询运输监控管理的详细信息。运输监控管理界面如图 6-18 所示。

6.3.1.6　车辆管理

车辆管理包含 3 个子功能模块,分别是车辆列表、增加车辆和修改车辆。车辆列表可通过输入车辆编号和车牌号来查询车辆拥有者的详细信息;增加车辆可增加新车辆信息;修改车辆可通过选择车牌号来修改该车辆的详细信息。车辆管理界面如图 6-19 所示。

6.3.1.7　传感器管理

传感器管理包含 3 个子功能模块,分别是传感器列表、增加传感器和修改传感器。传感器列表输入传感器编号和传感器型号来查询传感器的详细信息;增加传感器可增加新传感

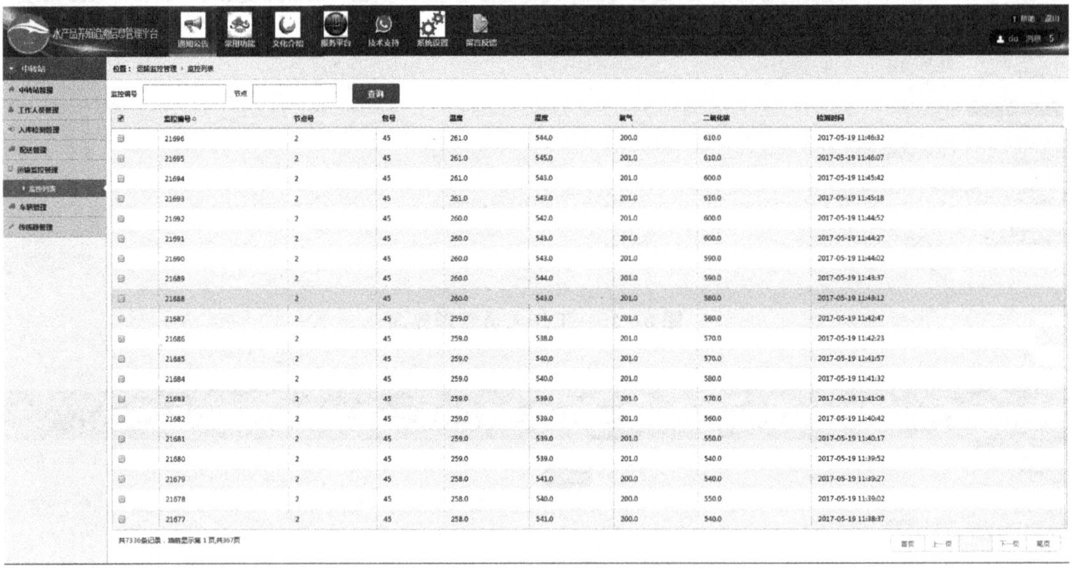

图 6 - 18　运输监控管理界面

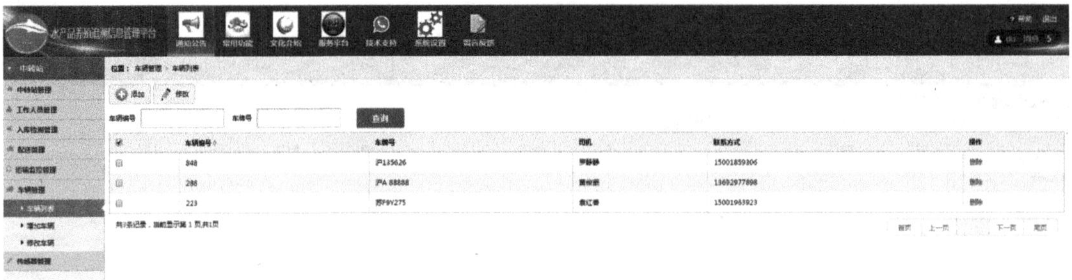

图 6 - 19　车辆管理界面

器信息;修改传感器可通过选择传感器型号来修改该型号传感器的信息。传感器管理界面
如图 6 - 20。

图 6 - 20　传感器管理界面

6.3.2　配送中心信息移动端管理

6.3.2.1　中转管理

中转管理包含中转站管理、订单管理、库存信息和运输车辆人员信息管理 4 个子功能模块,相关界面分别如图 6 - 21~图 6 - 24 所示。

图 6 - 21　中转站界面及当前任务近况

图 6 - 22　订单管理

图 6 - 23　库存信息

图 6 - 24　运输车辆人员信息

6.3.2.2 入库管理

入库管理分为放置电子标签和写入数据两步,入库成功后会有提示界面。入库管理如图 6－25 所示。

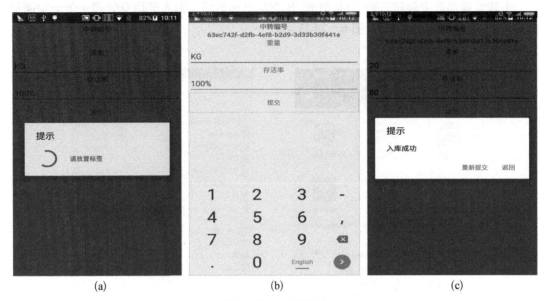

(a)   (b)   (c)

图 6－25 入库管理

（a）提示放置标签 （b）对标签写数据 （c）提示入库成功

6.3.2.3 订单信息打印管理

为了实现订单信息的打印,需要绑定蓝牙打印机,绑定蓝牙打印机分为搜索蓝牙打印机和连接蓝牙打印机两步。绑定蓝牙打印机操作如图 6－26 所示。

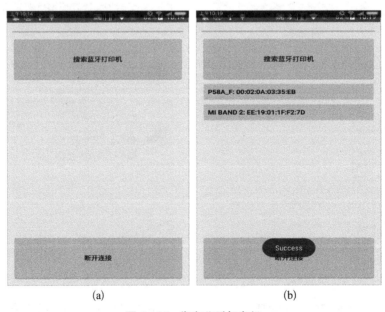

(a)   (b)

图 6－26 绑定蓝牙打印机

（a）搜索蓝牙打印机 （b）连接蓝牙打印机

蓝牙打印机绑定成功后,就可以打印订单管理信息。先选择需要打印的订单,然后通过一键分配和一键打印来完成订单打印。订单打印界面如图6-27所示。

图6-27　订单打印
(a) 选择订单　(b) 订单分配成功

6.3.2.4　传感器绑定管理

订单分配成功后,就可以绑定对应的传感器来记录该订单的相关信息,绑定传感器如图6-28所示。

6.3.3　水产品的分包与运输管理

6.3.3.1　分包管理

经过出塘后的水产品在中转站等待接单,接单后可以设置订单信息。首先,将数据采集终端放置于货物 RFID 上方,提示界面如图6-29所示。在"嘀嘀嘀"提示音之后,进入分包信息设置界面,界面如图6-30所示(图中设置的中转站信息为 dd,客户为 fuyun,分包数量为3)。

信息设置后可确认订单,如图6-31所示。最后,点击打印二维码,点击蓝牙图标,连接便携式蓝牙打印机,可打印出分包之后的二维码,如图6-32所示。

6.3.3.2　运输管理

当运输人员接到运输水产品的订单之后,点击图标进入运输模块如图6-33所示。首先,选择车辆信息,然后

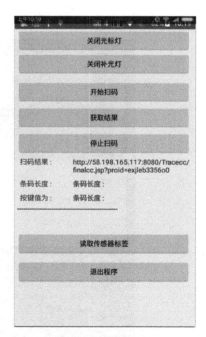

图6-28　绑定传感器

输入每一批货物的重量信息,点击扫描图标,逐一把3批货物(对应分包数量3)与传感器进行绑定如图6-34所示。

图 6-29　扫描货物电子标签图

图 6-30　设置中转客户信息

图 6-31　确认订单

图 6-32　连接蓝牙打印机

图 6-33　运输管理　　　　　　　　　　图 6-34　设置车辆信息

　　点击扫描图标之后,放置二维码在摄像头下方进行扫描,如图 6-35 所示。待扫描成功之后,提示放置传感器节点信息,放置后提示操作成功,则绑定成功,如图 6-36 所示。传感器节点能够将水产品所在的环境参数实时采集并上传到服务器。

图 6-35　扫描二维码图　　　　　　　　图 6-36　绑定传感器

6.3.4　水产品运输环境监测信息管理

　　本节将结合本研究团队实际开发的水产品运输环境在线监测系统,介绍如何对运输途中水产品所处的环境信息及车辆位置信息进行监测管理。主要为实时数据展示、曲线图展示和车辆位置显示。

6.3.4.1 实时数据展示

实时数据展示,会在主界面显示监测的实时数据,包括结点编号、温度、湿度、氧气含量、二氧化碳浓度、经纬度以及采集日期等信息。相应界面如图6-37所示。

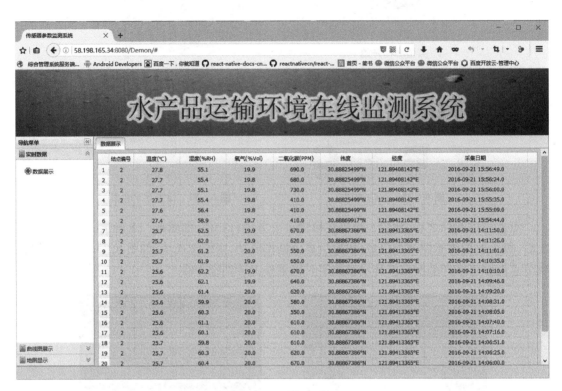

图6-37 系统主界面

6.3.4.2 曲线图展示

曲线图展示是以曲线形式显示采集节点采集的温度、湿度、氧气和二氧化碳数据。例如,图6-38为采集节点1(1号节点)采集的温度数据曲线。

系统默认显示当天数据曲线图。用户也可以根据需要查询某一天的数据曲线图,如图6-39所示。

曲线图展示某个采集节点的采集的温度、湿度、氧气和二氧化碳等参数信息。当用户选择时,会在右侧出现新的卡片(即Tab页),显示相应的内容。

6.3.4.3 车辆位置显示

车辆位置显示通过地图为底图方式显示当前运输车辆(车辆上有采集水产品所处环境参数的传感器节点)所在的位置。图6-40为显示车辆位置的示意图(图中小红点为当前车辆位置)。

点击地图显示界面中的红色标记(即车辆位置),会显示当前车辆上传感器节点的相关简要信息,如图6-41所示。

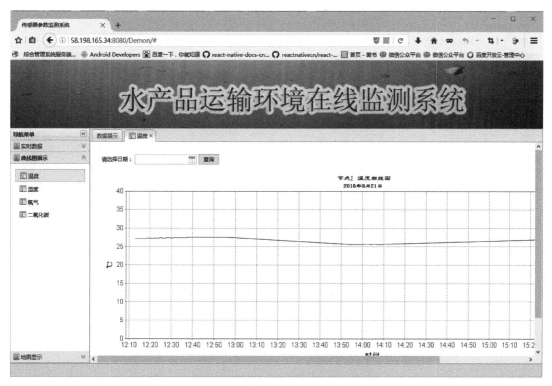

图 6 - 38　节点 1 采集的温度曲线

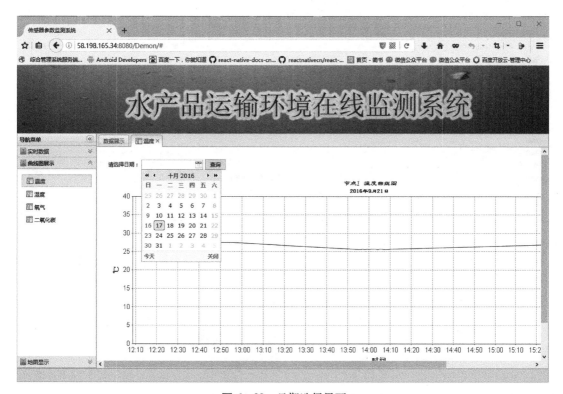

图 6 - 39　日期选择界面

图 6-40　车辆位置信息的地图显示

图 6-41　车辆上传感器节点信息的显示

本章小结

　　本章分析了水产品供应链的基本流程,并依据水产品溯源需求给出了水产品供应链各环节中相关的关键信息,最后依据本项目组实际研发的平台和系统介绍了各环节相关溯源信息的管理方法。6.1 节主要分析了水产品供应链的各个环节,包括水产品养殖环节、水产品配送环节以及水产品零售环节。并简单地介绍了各环节中的基本信息。6.2 节主要依据实际研发的平台,详细介绍了在 PC 固定端和移动端上对养殖阶段的信息进行管理的过程。6.3 节主要以具体功能界面介绍了中转站中的信息管理(包括水产品的分包、中转管理等)和运输阶段的信息管理过程,以及水产品运输中各种环境参数的监测数据的管理和展示方法。本章旨在让读者更加详细地了解水产品供应链的主要环节以及水产品供应链各环节的信息管理方法。

参考文献

[1]　上海海洋大学,江苏湖丰特种水产品科技有限公司,宜兴市丰沃水产专业合作社.基于物联网的水产品溯源与安全预警方法及系统:中国,CN201110321397.0[P].2012 - 12 - 05.
[2]　单红.鲫鱼池塘养殖技术[J].农民致富之友,2017(3):54.

第7章 基于物联网的水产品追溯与安全预警系统设计与构建

在前面章节水产品追溯相关技术和原理研究的基础上,本章基于系统的用户需求,利用软件工程思想,对水产品追溯与安全预警系统,进行整体构建和设计,最后给出系统的具体实现。主要内容包括系统的总体设计、系统功能框架设计、具体的软硬件设计、后台数据库设计等。系统将实现追溯过程中,从水产品的捕获到上架销售等一系列完整的流程的信息采集、信息的传输、信息存储、信息的实时展示与监控,以及相关预警等。

7.1 系统总体设计

7.1.1 水产品追溯流程分析

水产品追溯流程主要涉及水产品养殖、捕获、运输、卸载、包装以及将包装好的货物上架销售等阶段,是一个复杂的过程。其中,每一个阶段都会收集具体的信息上传至数据库服务器和 WEB 服务器,以便进行信息管理,同时又能够对各流通环节的物品信息进行实时查询。图 7-1 显示了水产品追溯的主要过程,以及每个阶段涉及的主要追溯信息。

依据该追溯流程图,可以看出系统主要由养殖信息追溯平台(包含养殖基地平台和中转站平台)和基于 RFID 与二维码的水产品溯源 Android 软件组成。养殖信息追溯平台可根据不同身份的登录用户分别进入养殖基地平台和中转站平台。养殖基地平台包括养殖基地管理、养殖基地工作人员管理、池塘管理、浮标管理、饲料管理、品种管理、疾病管理。中转站平台包括中转站管理、中转站工作人员管理、入库检测管理、配送管理、运输监控管理、车辆管理、传感器管理等功能模块。Android 软件由出塘模块、分包模块、运输模块、设置模块四个模块组成完成对信息的追溯。出塘模块用于生成包含出塘信息(池塘、鱼的种类、流向的中转站、重量等)的 RFID;分包模块用于货物分包以及订单确认,打印二维码;运输模板用于货物与传感器的绑定,选择车辆,扫描二维码,放置传感器完成绑定;设置模块用于检测新版本和参数设置。

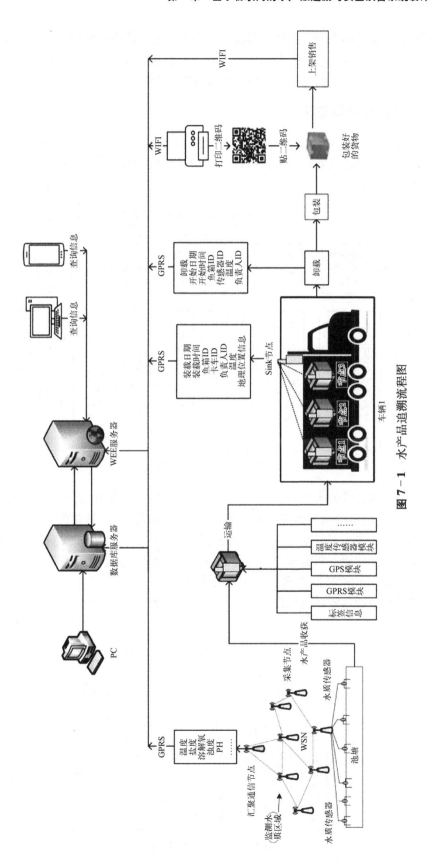

图 7 – 1　水产品追溯流程图

系统采用物联网中的无线传感器技术对水质环境参数进行实时采集,用 GPRS/3G 网络实现采集数据的上传。系统的安全预警主要采用了基于滑动窗口的水质参数时间序列异常检测算法和基于水质参数的组合预测模型 ARIMA – DBN。

7.1.2 系统功能框架图

依据基于物联网的水产品溯源与安全预警系统的功能需求,整体系统功能框架如图 7 – 2 所示,除了传统的水产养殖信息平台具有的功能外,还有水产养殖及运输环境预警系统功能。

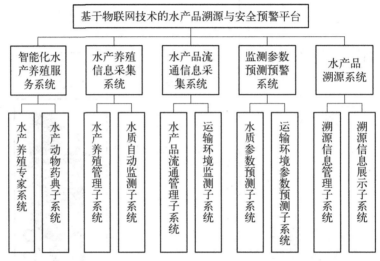

图 7 – 2 系统功能框架图

基于物联网技术的水产品溯源与安全预警平台包括智能化水产养殖服务系统、水产养殖信息采集系统、水产品流通信息采集系统、水产品溯源系统,系统的运行涉及多个合作水产养殖基地。对水产养殖基地的管理主要有养殖基地基本信息管理、工作人员管理、池塘管理等功能。以上功能不包括水产养殖及运输环境预警的功能,为了解决养殖基地对水产养殖及运输环境的预警需求,需要建立相应的预警系统。

预警系统包括运输环境预警平台与养殖环境预警平台两个子系统,系统功能结构图如图 7 – 3 所示。

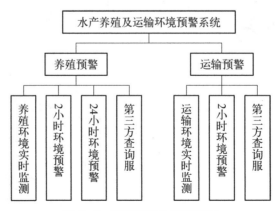

图 7 – 3 预警系统功能框架图

1. 养殖预警系统的功能

（1）提供水产养殖环境参数的实时监测，包括温度、溶解氧、氧化还原电位、酸碱度、浊度、盐度、海水比、叶绿素 a、氨氮等数据的实时监测，以曲线图和数据表格的方式展示数据的实时变化情况。

（2）根据实际项目需求提供 2 小时、24 小时的各项数据预警功能，展示预测曲线，提示预警信息。

（3）提供养殖基地查询数据监测信息的接口，数据预测分析的接口，数据表格下载等功能。

2. 运输环境预警平台需求

（1）提供养殖基地水产品运输车环境参数的实时监测，包括温度、湿度、氧气、二氧化碳、运输位置（经纬度）、运输时长等数据的实时监测，以曲线图、表格、地图等形式展示。

（2）根据运输车平均运输时长和监测时效，结合专家经验进行 2 小时内车内环境的预测展示，展示形式包括曲线图、数据表格等形式。

系统还提供养殖基地查询运输环境数据的接口，数据预测分析的接口，数据表格下载等功能。

7.2　WSN 节点硬件设计

本系统的 WSN 节点采用基于 ZigBee 技术的无线传感器，传感器节点的 PCB 板的硬件电路设计采用硬件电路设计软件 Altium Designer。

7.2.1　运输环境监测 WSN 节点硬件设计

一个标准的 WSN 节点一般包含几个必要模块以保障数据能够被采集、存储和转发。本系统的数据采集节点被部署于水产品运输所处的环境中，需要实时监测并采集氧气浓度、温度等多个环境参数。采集节点采用 ZigBee 模块来进行 WSN 内部通信及数据传输，汇聚节点安装了用于 USB 转串口的芯片 CH340G，方便在调试的时候，通过连接计算机的 USB 口与计算机进行串口通信，监测通信的有效性。同时，汇聚节点还可以连接手机，借助手机将采集到的信息通过 GPRS 网或者 3G/4G 网的形式上传至数据库。此外，手机在转发从汇聚节点收到的采集数据前，会将手机所在地的经纬度和当地时间与采集数据整合后上传，确保了这组数据的可追溯性。

7.2.1.1　采集节点设计

采集节点由于需要通过传感器采集环境参数，所以在单片机上向外引出了三个 I/O 口，分别连接氧气浓度、二氧化碳浓度和温湿度传感器。为了获得数据采集时的时间信息，采集节点用扩展引脚外接了一个采用 DS1302 芯片的时钟模块。节点还通过 I/O 口扩展了一组 USART 接口来连接 SD 卡，可将采集到的数据暂存在 SD 卡中，确保了在通信故障时，采集到的数据不丢失。为使采集节点的微处理单元（MCU）获得稳定的工作电压，节点对 5 V 输入电源经滤型电容滤波电路，再通过三端稳压器稳压，使得 MCU 工作电压稳定在 3.3 V。为了实现采集节点与上位机进行串行方式的通信，节点将另一组 USART 接口扩展成 USB 转串口模块。节点的 MCU 采用德州仪器公司(Texas Instrument)生产的 CC2530 芯片。图 7-4 为采集节点的硬件框图。

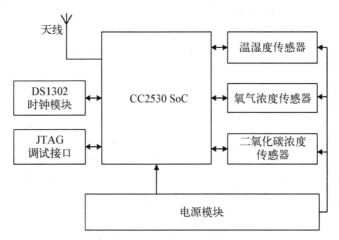

图 7-4　采集节点的硬件框图

如图 7-4 所示,温湿度传感器采用了 I/O 口与主控芯片通信,提供温度和湿度两种数据,选用的是 AM2302 温湿度传感器。AM2302 是一款输出数字信号的复合传感器,它具有工作温度范围广、分辨率高以及精确度准的特点,测量温度具有 0.1℃ 分辨率和 ±0.5℃ 的精确度;测量湿度具有 0.1%RH 的分辨率和 ±2%RH 的精确度。由于通信方式不是串行 USART 模式,所以可以节省出一个 USART 接口,为连接其他传感器提供支持。其工作电压在 3.3 V 到 5 V 之间,正好可以与单片机的工作电压兼容,可以直接从三端稳压器的同一组输出端并联获得。

氧气和二氧化碳传感器分别占用一个串行口 USART 进行工作,而 CC2530 单片机正好有 2 个 USART 接口,这也是温湿度传感器必须用 I/O 传输的原因。这两个传感器的工作电压为 5 V,因此其供电由 5 V 输入电源提供,不与温湿度传感器共用。

7.2.1.2　汇聚节点设计

汇聚节点负责接收从采集节点采集到的环境数据并将其转发至上位机。为了保证节点的可扩展性和减少硬件设计成本,汇聚节点采用和采集节点一样的硬件线路,但是不连接传感器,而是通过串口将汇聚节点与手机进行连接。图 7-5 为汇聚节点的硬件框图。

汇聚节点采用 USB 接口与手机进行通信,节点采用 CH340G 作为串口转 USB 接口的芯片,实现手机与汇聚节点通过 USB 口进行通信连接。汇聚节点先通过连接线将数据传输至手机,然后手机通过网络将数据传输到数据库服务器。

由于电路与采集节点具有相同的设计,也是采用了 CC2530 芯片,所以采集节点与汇聚节点是可以相互替换的,为节点的后期维护和修理带来了便利。在采集节点因为某些故障不能正常获取数据时,汇聚节点可以直接替换采集节点的主板,充当采集节点继续完成数据采集任务。如果汇聚节点需要承担采集节点的任务,则可烧写一套采集节点的代码。若系统需求发生改变,则需相应地调整代码和参数以保证其可互换性。

7.2.1.3　节点的封装设计

由于采集节点是随着活体水产品一起放在车厢内,进行数据采集和处理,所以必须设计

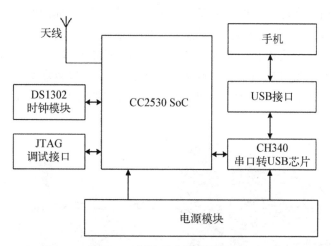

图 7-5　汇聚节点的硬件框图

一种专门用于安装并存放采集节点的封装盒,将单片机与水产品分隔开,防止运输过程中节点由于进水和碰撞造成损坏。该封装盒需要容纳一个移动电源、一个采集节点和3 个传感器,将这 3 者分别置于相互独立的空间内,既能采集到车厢内的环境参数,又能保证采集节点稳定工作。本研究团队为此设计了一种专用于运输过程监测的封装盒,图 7-6 为封装盒的三维示意图。

　　封装盒为上下两层的设计,上层又分为容积较大的主仓和容积较小的副仓。主仓用于安装采集节点的主控板,通过 4 个定位孔将主控板固定,再通过延长线将 CC2530 单片

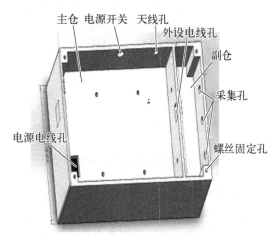

图 7-6　封装盒三维设计图示意

机的天线引出,确保通信质量。副仓用于存放 3 个传感器,通过外设电线孔用杜邦线与主仓的主控板连接。封装盒外部设有一个电源开关孔,用于控制采集节点的开关;一个天线孔用于引出天线;3 个采集孔用于流通空气,以便传感器采集到外部环境参数;4 个螺丝固定孔用于将盒盖固定在封装盒上以保证一定的防水性。下层用于放置 5 V 移动电源,通过电源电线孔用 USB 连接线为主仓内的采集节点供电。这种设计的优点在于保证车厢内水产品的水不会进入封装盒损坏线路板,同时可以通过采集孔获取到水产品的参数。上下分层的设计减少了封装盒的横向体积,节省了空间,保证在车厢空间有限的情况下能保护采集节点正常运行。

　　封装设计完成之后,将设计好的三维图纸转化成二进制文件,输入到计算机内,生成特定的 obj 目标文件,以便 3D 打印机识别。然后利用 3D 打印技术,将设计图中的封装盒通过3D 打印的方式制作出来。由于封装盒的盒盖需要单独设计,所以需要打印两次。第一次打印封装盒,并精确量好尺寸。因为设计图在打印之后,可能存在打印误差,所以二次打印盒盖时,需要根据封装盒的实际尺寸进行进给量补偿修正。在本文中,打印精度为 0.5%,由于

材料的材质和延展性,实际生成的封装略小于设计图的尺寸,因而封装的盖子也相应做了调整。设计水产品运输节点的封装时,除了需要考虑采集节点的稳定性、防水性等功能性需求以外,还需要额外综合考虑因打印精度和材料性质所引起的形变和误差问题,采取适当的补偿修正,必要时进行二次加工以符合实际需求。装入节点的封装盒实物图如图7-7所示,其中,图7-7(a)为采集节点,包括主控板、各传感器和电源;图7-7(b)为汇聚节点,包括主控板和电源。

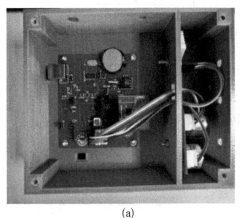 

(a)   (b)

图7-7 节点实物图

(a)采集节点 (b)汇聚节点

7.2.2 养殖环境监测WSN节点硬件设计

养殖环境监测WSN节点有采集节点、汇聚节点两种。节点设计基于Arduino开源的软硬件电子平台,选用Arduino开源电子平台的最大好处是资源优势很强大,各类资源极其丰富,能方便、灵活地开发出符合自己需求的电子产品。

节点通信的ZigBee模块选用XBee Pro无线模块,该模块的主要特点是通信距离远,编程简单。针对养殖环境监测的特殊性,为了维持无线传感器网络的连续监测,设计节点需考虑节点的低功耗、低成本、高可扩展性与稳定性。整个节点硬件系统主要分为数据采集单元、数据处理单元、无线传输单元和电源管理4个模块。数据采集单元为多参数水质仪,完成水质多种环境参数的实时采集。数据处理单元主要由微处理器及外围的存储设备组成。数据传输单元主要由无线传感器网络中每个节点配备的ZigBee通信模块,主要完成组网和网内的数据传输以及汇聚节点的无线远程通信模块与数据中心数据的传输与控制命令的交互。此外,为了有效的标识WSN节点的地理位置信息和完成节点间的时间同步,本系统在每个节点上集成了GPS模块。节点系统的供电主要采用太阳能独立光伏电源与锂电池混合供电方式。

7.2.2.1 采集节点

采集节点主要由微处理器(MCU)、无线传输模块、定位模块以及水质传感器接口组成。由于养殖环境需要监测的参数较多和供电困难等特征,设计节点的MCU需要有性能稳定、功耗小、处理能力强、Flash空间大的特点,所以MCU采用了Atmel公司的ATMega 2560。该

MCU 为一款高性能、低功耗的 AVR 微处理器。具有工作温度范围广、接口丰富等特性。

无线传输模块采用了美国 Digi 公司生产 XBee Pro 模块。该模块基于 ZigBee 技术,兼容 2.4G IEEE802.15.4 标准,并采用了增强的无线传输技术。通过增益天线在空旷的环境下两个节点之间的传输距离能达到 1.6 km,且该模块使用简便,在对该模块进行简单配置后,只需要把数据通过 UART 口输入到这个模块,这个模块就能自动地把数据发送到无线连接的另一端。此外,该模块还支持 AT 命令进行高级配置。采集节点其他的模块及节点的硬件基本框架如图 7-8 所示。

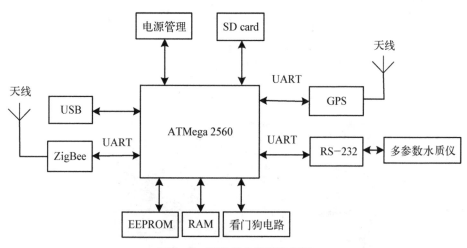

图 7-8　采集节点的硬件框图

在图 7-8 中,USB 接口用于连接计算机,通过该接口可对 MCU 进行编程与调试;GPS 模块采用高效能、低功耗的 GStarGS-92m-J 的智能型卫星接收模块,从 GPS 模块获取的信息经过 MCU 处理后可以得到节点的地理位置信息。RS-232 接口主要用于连接采集水环境参的多参数水质仪,要求连接的水质仪具有实时采集能力且具备 RS-232 接口。为了防止在传输过程中临时出现的故障导致采集数据的丢失,在每个节点上配备了 SD 卡模块,该模块主要用来保存一段时间内采集的数据与节点的相关配置参数(如采集时间间隔等)。此外,考虑到节点系统功能的增强与扩展,在节点上还配备了扩展的 EEPROM 与 RAM。节点主控电路板的设计上依据 Arduino 开源电子原型平台的硬件电路图设计,并根据具体的需求做了一定的增删。

7.2.2.2　汇聚节点

汇聚节点除了具备普通采集节点的硬件模块外,因需要将从采集节点收集的数据传回给数据中心,所以还需要具备长距离无线通信功能。目前无线长距离通信方式有无线数传、卫星、无线移动 GPRS(或 CDMA)通信技术等方式。在充分考虑性价比、汇聚节点离数据中心的距离等因素后,汇聚通信节点上系统采用了无线移动 GPRS(或 CDMA)通信技术,汇聚节点的硬件框图如图 7-9 所示。

在图 7-9 中,节点的 GPRS 通信模块采用 SIMCOM 公司的 SIM900 芯片来实现,SIM900 采用工业标准接口,是四频的 GSM/GPRS 模块,其性能稳定,外观小巧,性价比高,内嵌 TCP/IP 协议,可以低功耗实现语音、SMS、数据和传真信息的传输。图 7-10 为设计好的传感器节点实物图。

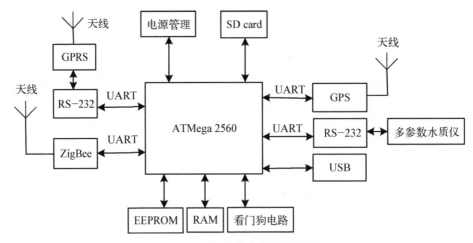

图 7-9　汇聚节点的硬件框图

图 7-10　传感器节点实物图

7.2.2.3　节点的电源管理设计

在 WSN 中,传感器节点的供电及电源管理非常重要,直接关系到整个传感器网络的生存时间,在水产养殖环境中更是如此,为了有效保证每个节点的电源供给,在每个节点上采用太阳能和可充电的蓄电池来供电,其中蓄电池采用阀控密封铅酸蓄电池,该电池具有蓄能大、安全和密封性能好、寿命长、免维护等优点,在光伏系统中被大量使用。总的电源管理原理如图 7-11 所示,图 7-11(a)为节点电源供应示意图,图 7-11(b)为电源管理基本原理的示意图。

由于太阳能电池的输出受光照强度和光线频谱等因素的影响,输出电压和功率变化较大,为了充分利用太阳能、有效控制电池的充放电和延长蓄电池的使用寿命,在电源管理模块中使用具有宽输入高性能的开关稳压器,通过该稳压器来接收太阳能电池板输出的不稳定的电压,然后输出一个稳定的电压给蓄电池的充电系统。此外,在电源模块中还需配备动

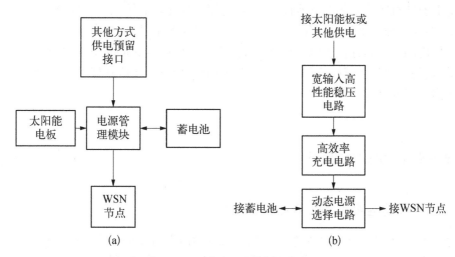

图 7 - 11 节点电源管理原理图

（a）节点电源供应示意图 （b）电源管理基本原理示意图

态电源选择电路,实时检测太阳能电池板的输出电压,并根据电压值判断太阳能电池板的供应能力,当太阳光充足时,通过太阳能电池给节点负载供电和对蓄电池充电,当在夜晚或阴天阳光不足时,通过蓄电池放电给节点供电,从而保证节点的正常运行。电源管理模块的供电基本过程如图 7 - 12 所示。

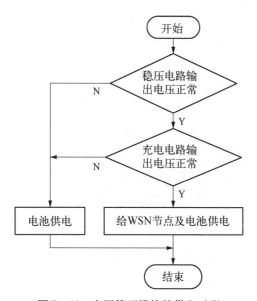

图 7 - 12 电源管理模块的供电过程

图 7 - 13 浮标实物图

7.2.2.4 浮标设计

养殖环境监测 WSN 节点设计好后,还需要部署到要监测的养殖水域中,所以还需要设计用来装载这采集节点和汇聚节点这两类节点的浮标。浮标设计需要考虑太阳板的安装、传感器节点的安装、浮体的大小、浮体的稳定性以及浮体的密封性等,本系统设计的浮标如图 7 - 13 所示。

浮标上安装有四块太阳能电池板,可以在光照条件充足的情况下,对浮标内的蓄电池组进行充能,并为里面的采集节点和汇聚节点供电。当光照不足时,会自动切换为蓄电池进行供电。浮标内的空心圆柱体用以容纳蓄电池、采集板和英国 Aquaread 公司的 AP2000 型多参数水质传感器,并且在浮标底部有一个钢制的网格,用以保证传感器可以充分与水体接触却不会掉出浮标外。

7.3 WSN 节点软件设计

7.3.1 运输环境监测 WSN 节点软件设计

运输环境监测 WSN 节点上的软件系统开发采用 IAR Embedded Workbench for 8051 嵌入式集成开发环境,以基于 C 语言为开发语言的 Z‐Stack 操作系统为基础编写。Z‐Stack 是 TI 公司针对 CC2530 等 SoC 开发的嵌入式操作系统。图 7‐14 是用 IAR Embedded Workbench for 8051 进行代码编辑的界面。

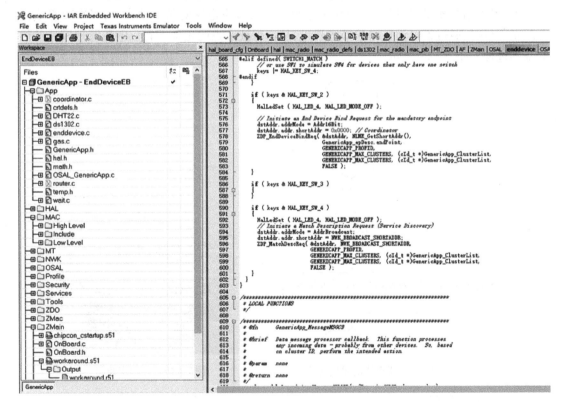

图 7‐14 代码编辑界面

7.3.1.1 采集节点

Z‐Stack 是半开源操作系统,用户只需对节点硬件抽象层中的引脚进行定义以及应用层中的函数进行编写。在硬件抽象层中,存储了 CC2530 与三种传感器通信的引脚定义。在节点应用层中主要编写了系统初始化请求函数,传感器数据采集、存储及发送函数。

采集节点在上电后首先进行自检,自检通过后,对系统进行初始化,通过向汇聚节点发送请求指令,获取采集间隔时间等参数。系统在初始化成功后进入休眠状态,当系统收到汇聚节点广播的数据采集命令或者到达指定的采集时间时,与传感器进行通信完成数据收集。数据收集完成后将收集的数据通过无线射频模块传输至汇聚节点。采集节点的数据采集、存储及传输的流程如图 7-15 所示。

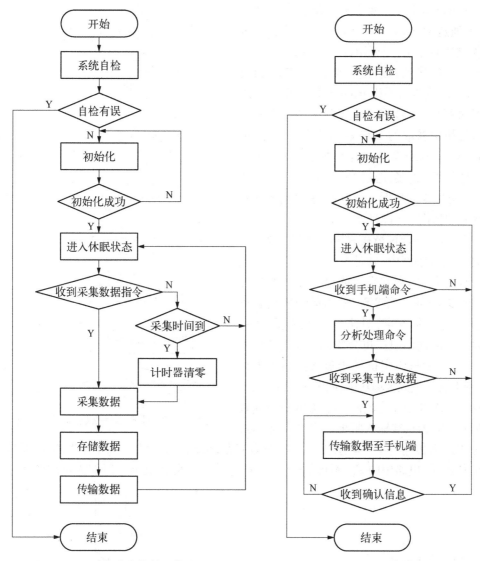

图 7-15　采集节点软件工作流程图　　图 7-16　汇聚节点软件工作流程图

7.3.1.2　汇聚节点

汇聚节点也是 ZigBee 网络中的协调器,与采集节点类似,汇聚节点在通电启动后也是首先执行系统自检。自检通过后完成系统的初始化,初始化包括向手机端 APP 请求采集时间间隔等,然后进入休眠状态,当收到手机端传来的指令时,分析并处理该命令。收到采集节点传来的数据时,通过 USB 端口将数据转发至手机端 APP。汇聚节点的数据接收和转发流程如图 7-16 所示。

7.3.1.3 手机端软件

Android 手机上客户端软件的主要功能是接收汇聚节点传输来的水产品运输环境监测数据。客户端的开发工具是 Android Studio,开发语言采用 Java。客户端软件主程序中声明串口通信类接口 UART Interface 实例,调用 USB Feature Supported 方法检测串口是否有可用设备连接,通过 Open Device Listener 类开启和进行接收数据的监听,当可用设备连接成功,可通过客户端上的按钮开启接收状态,客户端通过 Read Thread 线程对手机 micro – USB 接口传入的数据进行读取;读取之后在其中加入手机自身定位模块中获取的 GPS 数据并进行整合;最后开启异步传输任务建立与数据存储中心 Web Server 的 HTTP 连接,通过 POST 方式向的 Web Server 提交整合的数据。Android 手机端上软件工作流程图如图 7 – 17 所示。

7.3.1.4 WSN 软硬件结合优化方法

在无线传感网中,软件与硬件是紧密相关的,必须将两者结合起来才能最大限度地降低无线传感网功耗。当 WSN 采用低功耗优化策略(见第 4 章与第 5 章)时,随着功耗降低,无线传感网节点的输出阻抗也会变化。根据戴维南定理,当电路的输出阻抗等于负载的输入阻抗时,负载上获得最大传输功率,如图 7 – 18 所示。

图 7 – 18 中,U_s 为电源,Z_{eq} 为电源端等效输出阻抗,Z_L 为负载输入阻抗。当 $Z_{eq} = Z_L$ 时,负载获得最大传输功率。本系统设计的采集节点,负载是 3 个传感器,当 WSN 受低功耗优化策略作用时,电路中的 Z_{eq} 不再是一个定值,而是一个动态阻抗。但作为负载的 3 个传感

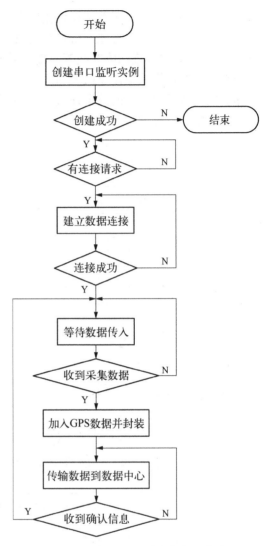

图 7 – 17 手机端接收数据软件工作流程

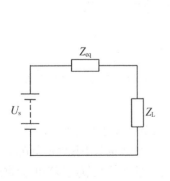

图 7 – 18 戴维南等效电路

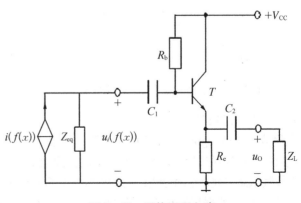

图 7 – 19 阻抗匹配电路

器阻抗是一个定值,使得 Z_{eq} 不能恒等于 Z_L。因此,本系统设计了阻抗匹配电路,通过该网络自适应地调整采集节点的输出阻抗使得传感器获得最大传输功率,见图 7-19。

图 7-19 中,V_{CC} 为电源电压,R_b 为偏置电阻,C_1 和 C_2 为隔直电容,T 为三极管,Z_L 为传感器,Z_{eq} 为采集节点输出阻抗,$P(f(x))$ 为低功耗优化策略的抽象函数,$u_i(f(x))$ 是阻抗匹配电路的输入电压,$i(f(x))$ 为等效受控源,R_e 为接地电阻。根据基尔霍夫定律可得

$$u_i(f(x)) = i(f(x)) \times Z_{eq},\ P(f(x)) = u_i(f(x)) \times i(f(x)) \tag{7-1}$$

式(7-1)中的 $f(x)$ 为低功耗优化策略的功率函数。该电路能够将软件中的低功耗优化策略与硬件中的戴维南等效电路构建为一种受控关系,通过低功耗优化策略控制单片机输出功率与等效阻抗,使得作为负载的传感器随着的变化自适应地获得最大传输功率。

7.3.2　养殖环境监测 WSN 节点软件设计

养殖环境监测 WSN 节点上的软件系统采用 Arduino IDE 平台开发,采用该平台的优点在于开源,且有大量的源代码库可以直接使用,可大大减轻编程工作量,提高系统的开发速度。系统采用 C 语言编写,增强了程序代码的可靠性、可读性和可移植性。软件系统分为两大部分,一是节点端的软件系统,节点端软件又分为采集节点端软件和汇聚节点端软件,另一个是数据中心接收终端的软件。

7.3.2.1　采集节点

根据采集节点的功能需求,节点上的软件系统主要完成以下功能。

(1)数据采集。该部分主要利用串口与多参数水质仪进行通信,向水质仪发送命令和接收水质仪采集到的环境参数,这些参数一般包括像温度、盐度、深度、pH 值、电导率、溶解氧、叶绿素、浊度等。

(2)数据处理与存储。将从水质仪采集过来的数据,进行分析与格式转换,并按要求进行一定的编码以便于后续的传输,此外,还将处理后的数据存储到 SD 卡上为后续的传输做准备。

(3)数据传输。将存储的各种环境数据传给汇聚节点,或从汇聚节点接收数据。

(4)定位。该部分主要从 GPS 模块接收位置数据,并对接收的数据解析算出节点的经纬度信息。采集节点的程序流程如图 7-20 所示。

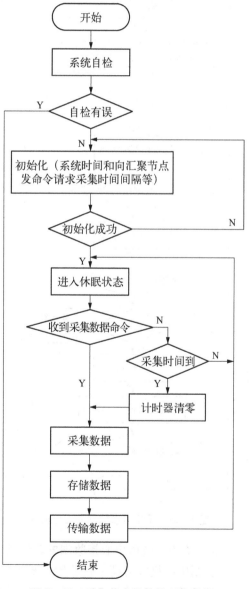

图 7-20　采集节点软件的工作流程

7.3.2.2 汇聚节点

与采集节点类似,汇聚节点上的软件系统也具有数据采集、数据处理和存储、数据传输和定位四大功能,但在汇聚节点上数据采集功能为可选的。汇聚节点与采集节点主要不同在于数据传输功能上,汇聚节点上的数据传输除完成与采集节点之间的数据传输外,还需要与位于数据中心的服务器之间进行数据传输。汇聚节点的程序流程如图7－21所示。

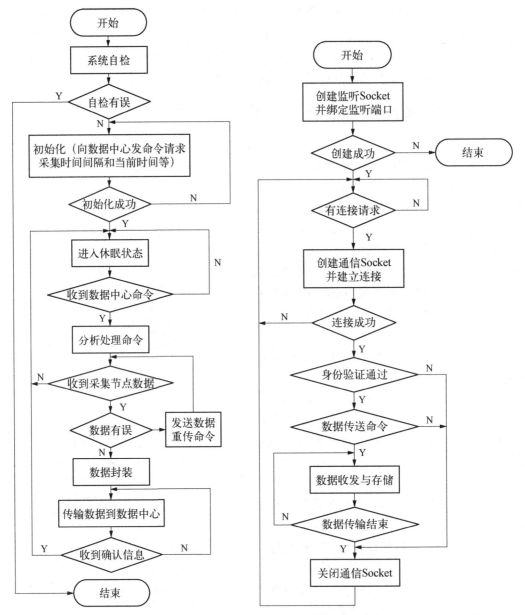

图 7－21 采集节点软件的工作流程　　　　图 7－22 数据中心接收端的软件流程

7.3.2.3 数据中心接收端的软件设计

数据中心接收终端上软件的主要功能是接收 WSN 汇聚节点传输来的养殖环境监测数据。软件的开发环境为 Visual Studio,开发语言采用 C++,使用了 Socket 编程,通过 MFC 提供的 CSocket 类,派生出来一个 CListenSocket 类和一个 CRecieveSocket 类,用 CListenSocket 类实现对打开的端口进行监听,当有请求时,创建一个 Socket 线程来负责 TCP 连接的建立和维护。CRecieveSocket 负责接收汇聚节点发送过来的数据,以及命令的传送。数据中心接收终端软件收到汇聚节点的数据后,将数据自动存储到 Microsoft SQL Server 数据库中,供后续功能模块的读取、处理与分析展示。软件主要工作流程如图 7 - 22 所示。

7.4　系统开发环境与关键技术

7.4.1　系统开发环境

水产养殖信息平台系统的后端开发语言使用 Java,使用的 Java SE Development Kit (JDK)版本为 JDK 1.7,Java 运行环境是 JRE 1.7。前端开发使用了 HTML5 和 CSS3,开发语言采用 JavaScript。

系统的 Java 集成开发环境(Java Integrated Development Environment, Java IDE)为 MyEclipse 10.1。MyEclipse 是基于 Java 的可扩展开发平台,其功能最为全面,支持各种可拓展的插件。

系统的开发框架为 Spring MVC。Spring MVC 是 Spring 提供给 Web 应用的框架设计,是一种基于 Java 实现了 Web MVC 设计模式的请求驱动类型轻量级的经典 Web 框架。

系统的数据库管理系统为 SQL Server 2008。SQL Server 是 Microsoft 公司开发出的关系型数据库管理系统(Relational Database Management System:RDBMS)。具有使用方便可伸缩性好与相关软件集成程度高等优点,可跨越运行在 Windows 系列的操作系统上。

7.4.2　系统开发关键技术

由于预警系统是在水产养殖信息平台上扩展而来,考虑到可移植性,拓展性,采用模块化的开发方式,以插件的形式移植到原有系统当中,其中涉及的技术手段主要有以下两点。

(1) highCharts 为广泛使用的 JavaScript 的具有交互功能的图表展示框架,包括静态曲线图、动态曲线图、柱状图等可用于预警系统的实施展示,动态更新以及数据展示与分析。

(2) Weka 3 开发框架是基于 Java 编写的机器学习与人工神经网络框架,源自新西兰 Waikato 大学编写的开源框架。Weka 广泛用于数据挖掘中。

ARFF(Attribute-Relation File Format)格式文件是 Weka 分析数据的常用格式,以养殖环境参数为例,ARFF 模型的文件为:

@ relation t_sample

@ attribute sensorid

@ attribute temp

@ attribute ph

@ attribute orp

@ attribute sal

@ attribute tds

@ attribute ssg

@ attributc do

@ attribute latitude

@ attribute longitude

@ attribute Date date

yyyy-MM-dd hh：MM：ss'

@ data

22.1，7.1，350，1.99，2.3，7.7，121.89，23.3，2016－05－22 14：36：40

...

ARFF 文件,为 Weka 3 框架特有的处理数据的文件格式,完整的 ARFF 文件包括关系声明、属性声明、数据集、数值属性声明和分类属性声明等。

上述养殖环境参数生成的 ARFF 文件中,@ relation 为关系声明关键字,为数据库表名称,@ attribute 为属性名称关键字,表示不同类型,@ data 为数据集关键字声明,数据集按照关键字声明的顺序进行排类,一行数据代表一组数据集。

PCA－TSNN 网络进行训练之前需要将数据库数据转换成 ARFF 格式数据,并进行数据初始化和预处理工作,Weka 构建的神经网络模型输出 ARFF 格式的数据,需要将数据转换成项目需要的 JSON 形式。

7.5　系统数据库设计

数据库总共涉及两个系统,分别为水产养殖预警系统和运输环境监测系统。在设计数据库表之前需要根据项目需求进行 E－R 图设计分析。

7.5.1　水产养殖预警系统 E－R 图

系统 E－R 图主要组成实体如下。

(1) 池塘实体,属性有池塘 ID,用于做池塘的唯一标识;池塘名称,池塘面积,池塘种类,所属水产养殖基地,浮标 ID,用于标识池塘放置的浮标等。

(2) 浮标实体,属性有浮标 ID,用于标识浮标编号;浮标使用状态,用于标识浮标是否正在使用,传感器类型,用于标识浮标装置哪种类型的传感器等。

(3) 传感器实体,属性有传感器 ID,用于标识传感器编号;传感器类别,传感器简介,传感器使用状况等。

(4) 采集类型实体,属性有传感器 ID,采集参数温度,酸碱度,氧化还原电位,溶解氧,盐度,浊度等。

养殖环境预警模型数据库 E－R 图如图 7－23 所示,养殖基地的池塘布置多个浮标,每个浮标布置多个传感器,每个传感器监测不同的参数。

养殖基地拥有多个池塘,池塘与养殖基地是一对多的关系,相同的有池塘与布置浮标的关系,浮标与传感器的关系,传感器与采集类型的关系。依照 E－R 图所示元素之间的关系,数据库表设计如表浮标表 7－1、池塘表 7－2、传感器表 7－3、采集类型表 7－4。

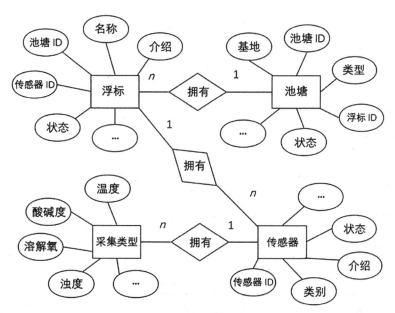

图 7 - 23　养殖环境预警模型数据库 E - R 图

表 7 - 1　池塘表

列　　名	说　　明	字 段 类 型
poolID	池塘 ID	varchar
poolName	名称	varchar
poolSum	面积	varchar
Picture	图片	varchar
State	使用状态	varchar
BaseID	基地 ID	varchar
Introduce	介绍	varchar
Type	养殖种类	varchar
Sum	养殖数量	float

表 7 - 2　浮标表

列　　名	说　　明	字 段 类 型
poolID	浮标 ID	varchar
SenserID	传感器 ID	varchar
Controller	控制板	varchar
Picture	名称	varchar
State	状态	varchar
Introduce	介绍	varchar

表7-3　传感器表

列　名	说　明	字 段 类 型
ID	传感器 ID	varchar
Type	类型	varchar
Introduce	介绍	varchar
Boxid	分包 ID	varchar
Model	型号	varchar
Buoyid	浮标 ID	varchar
Usestate	使用状况	varchar

表7-4　采集类型表

列　名	说　明	字 段 类 型
SensorID	传感器 ID	varchar
Temp	温度	float
Ph	酸碱度	float
Do	溶解氧	float
Latitude	经度	varchar
Longitude	纬度	varchar
Time	时间	datatime

7.5.2　运输环境监测系统 E-R 图

系统 E-R 图主要组成实体如下。

(1) 养殖基地实体,属性有养殖基地 ID,用于做养殖基地的唯一标识,养基地简介,养殖基地,车辆数据量,养殖基地地理位置,养殖种类,联系人等。

(2) 车辆实体,属性有车辆 ID,用于标识车辆,货物类型,传感器 ID 等。

(3) 传感器实体,属性有传感器 ID,用于标识传感器编号;传感器类别,传感器简介,传感器使用状况等。

(4) 采集类型实体,属性有传感器 ID,采集参数温度,湿度,氧气,二氧化碳等。

运输环境预警相关数据库设计与养殖环境数据库设计基本一致,数据设计参照养殖环境预警相关数据库表单设计,相关 E-R 图如图 7-24 所示,其中养殖基地拥有多个运输车辆,每种运输车辆类型不同,不同的运输车辆拥有不同的传感器类型,不同的传感器监测的数据类型不同,设计数据库表养殖基地表,车辆信息表,传感器表,采集类型表,方法如养殖环境所涉及表单方法一致,不再一一列举。

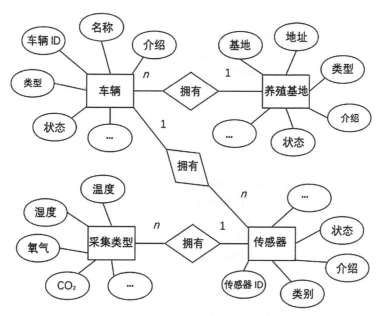

图 7 - 24 运输环境预警模型 E - R 图

7.6 预警平台的系统设计与系统运行界面

7.6.1 预警平台的系统设计

以水产养殖环境预警平台的设计为例,利用第 5 章 5.3 节的 PCA - TSNN 网络进行建模,使用 Weka 3 基于 Java 的神经网络开发工具框架,预警平台设计基于 MVC 架构,分为视图层、模型层、控制层,分别用作图形展示,网络模型相关实体类,控制器连接图形层与实体类,负责数据更新工作。水产养殖及运输环境预警系统整体结构的源代码情况如图 7 - 25 所示。

Servlet 所在包主要存放数据接口类,提供第三方调用,返回的数据形式为 JSON 数据主要接口为数据查询接口、数据预测接口和参数设置类接口三类。其中数据查询接口、数据预测接口为:

db 所在包主要存放数据库操作相关类,提供数据库查询、修改、更新数据等相关操作;

dao 所在包提供业务逻辑类 DetectDao,封装各种预测行为,方便进行上层调用。

7.6.2 预警平台系统设计流程

预警平台详细设计流程具体如下。

(1)设计数据库工具类 DBUtil、日期转换类 DateUtil、数字转换类等常用工具类,用于预警系统的基础工具类。

(2)设计数据类型转换类 LoadDataFromDbInstanceQuery,作用为转换数据库查询结果为

```
📁 src
  ∨ ⊞ (default package)
    > 🗋 CreateInstances.java
    > 🗋 Get1DayData.java
    > 🗋 LoadDataFromDbInstanceQuery.java
    > 🗋 Test.java
    > 🗋 TimeSeriesHours.java
  ∨ ⊞ com.zhaoyantao.action
    > 🗋 DetectAction.java
  ∨ ⊞ com.zhaoyantao.dao
    > 🗋 DetectDao.java
  ∨ ⊞ com.zhaoyantao.db
    > 🗋 DateUtil.java
    > 🗋 DBUtil.java
  ∨ ⊞ com.zhaoyantao.model
    > 🗋 DetectSample.java
    > 🗋 FcObject.java
  ∨ ⊞ com.zhaoyantao.servlet
    > 🗋 DataDOMin.java
    > 🗋 DataHour.java
    > 🗋 DataMin.java
    > 🗋 DataNext.java
    > 🗋 ForecastHour.java
    > 🗋 ForecastMin.java
    > 🗋 Get1DayData.java
    > 🗋 TimeSeriesTool.java
```

图 7-25　预警系统结构的源代码情况示意图

Weka 处理的 ARFF 格式。

（3）模糊神经网络模型类神经元类 FcObject，与网络模型类 DetectSample，用于 TSNN 网络构建。

（4）设计网络模型训练类 TimeSeriesHours，可接受参数为预测时长 hour（float 型）、训练数据时长 day（int 型）、预测参数的种类 type（String 型）、是否进行 PCA 优化 pca（布尔类型）。

（5）设计 PCA - TSNN 网络参数修改类 TimeSeriesTool 用于修改网络训练参数，用于网络实际部署时的参数微调。

（6）设计网络训练结果接口展示类小时预测类 ForecastHour、分钟预测类 ForecastMin，将 TimeSeriesHours 训练结果以 JSON 的形式返回给调用者；同时提供数据实时展示接口，返回实时数据的 JSON 形式。

（7）使用 Highcharts 折线图展示框架，将 JSON 数据展示在预警平台上，通过 Ajax 异步加载的方式实时显示监测数据，并根据数据的更新，在线学习，并动态更新预测结果。

（8）将预警系统部署在原有水产养殖信息管理平台，提供管理人员登录接口和池塘 ID 选择接口。

7.6.3 系统运行界面与效果分析

本节主要以基于模糊神经网络 PCA–TSNN 预警模型的实际运行为例,展示水产养殖运输环境预警平台的大致运行界面效果。

首先登录水产养殖信息管理平台,进入养殖基地管理页面,在养殖基地管理栏选择养殖基地管理,进入养殖基地管理详情,可以查看养殖基地下属池塘的信息,包括基本信息简介、工作人员信息、养殖信息和浮标信息等。

然后,点击浮标管理,进入监测管理页面后,选择池塘编号和传感器编号,池塘养殖水环境参数近期参数(温度)变化展示如图 7–26 所示,提供曲线图与表格两种方式展示,同时还提供数据下载功能。

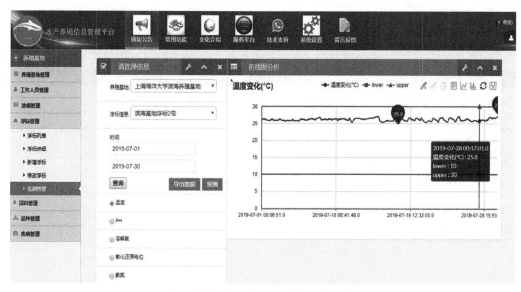

图 7–26 温度变化曲线图

点击预警分析进入水产养殖环境预警平台,根据实际项目需要,展示实时监测情况,选择参数温度、pH 值和溶解氧,结果分别如图 7–27~7–29 所示。

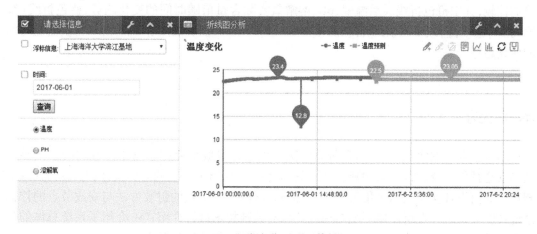

图 7–27 温度变化及预测值结果图

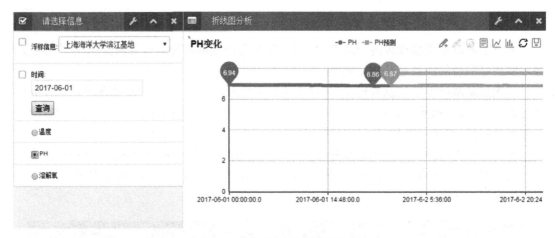

图7-28 pH变化及预测值结果图

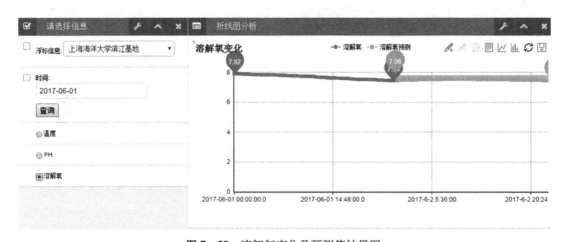

图7-29 溶解氧变化及预测值结果图

综观以上4张折线图,横坐标表示一天内的不同时刻,从零点零时为起点;纵坐标分别表示温度、pH、溶解氧的含量。设定在同一天同一时刻进行预测模型和实际的水质参数含量的比较,其中橙色折线表示温度、pH、溶解氧实际含量值随时间的变化趋势;蓝色折线(线段的后半截)表示分别采用组合预测模型ARIMA-DBN预测温度、pH、溶解氧含量值随时间的变化趋势。

本章小结

本章主要根据实际需求,结合研究团队的项目开发成果介绍了基于物联网的水产品追溯与安全预警系统的设计与构建方法。具体为:① 介绍了系统的总体设计;② 较为详细地阐述了如何设计实时数据采集WSN节点的软硬件系统、节点的封装方法与安放节点的浮标系统;③ 对系统开发所使用环境与用到的部分关键技术进行介绍;④ 介绍了系统总体的数据库设计;⑤ 结合具体案例简要展示了系统的部分运行效果与界面。

参考文献

［1］ 李方敏,韩屏,罗婷.无线传感器网络中结合丢包率和 RSSI 的自适应区域定位算法［J］.通信学报, 2009(9)：15－23.

［2］ 刘顺勇,温怀,赵丽.基于 Zstack 的点对点通信研究［J］.重庆第二师范学院学报,2014,27(6)： 22－24+166.

［3］ 许建中,赵成勇,Aniruddha M Gole.模块化多电平换流器戴维南等效整体建模方法［J］.中国电机工程学报,2015,35(8)：1919－1929.

［4］ 王月爱,王勃.电源技术的应用研究与发展趋势［J］.中国集成电路,2012,21(4)：69－72.

［5］ 吕桦.先进通信电源技术发展与应用分析［J］.电子技术与软件工程,2015(9)：101－103.

［6］ 朱世盘,张永超,史忠诚.智能变电站中高频开关电源技术应用［J］.中国电力,2015,48(1)： 142－145.

［7］ Bojin Qi, Jikang Fan, Wei Zhang, et al. A novel control grid bias power supply for high-frequency pulsed electron beam welding［J］. Vacuum, 2016, (133)：46－53.

［8］ Sohini Roy. Energy Aware Cluster Based Routing Scheme For Wireless Sensor Network［J］. Foundations of Computing & Decision ences, 2015, 40(3)：203－222.

［9］ 章静.无线传感器网络拓扑控制及其应用［D］.福建师范大学,2015.

［10］ 王会霞,李娜.无线传感器网络中基于能量感知的 QoS 路由协议［J］.南京理工大学学报,2016,40 (4)：467－471.

［11］ 秦绍华.无线传感器网络多信道通信技术的研究［D］.济南：山东大学,2014.

［12］ 李广武.现代通信技术发展与个体生存境遇［D］.长春：吉林大学,2012.

［13］ 刘臻,袁红春,梅海彬.面向水产品溯源的运输环境多参数实时监测系统［J］.山东农业大学学报(自然科学版),2017,48(2)：297－302.

［14］ 袁红春,赵彦涛,刘金生.基于 PCA－NARX 神经网络的氨氮预测［J］.大连海洋大学学报,2018,33 (6)：808－813.

［15］ 袁红春,汪辰,梅海彬.一种适用于近海环境监测的 WSNs 节点设计方法［J］.传感器与微系统,2015, 4(1)：85－88.

索　引